西门子S7-1200PLC技术应用

主编 ◎ 胡国喜　季传帅

郑州大学出版社

图书在版编目(CIP)数据

西门子 S7-1200PLC 技术应用 / 胡国喜,季传帅主编
. -- 郑州:郑州大学出版社,2024.12
ISBN 978-7-5773-0154-9

Ⅰ. ①西… Ⅱ. ①胡… ②季… Ⅲ. ①PLC 技术-程序
设计 Ⅳ. ①TM571.61

中国国家版本馆 CIP 数据核字(2024)第 028142 号

西门子 S7-1200PLC 技术应用
XIMENZI S7-1200PLC JISHU YINGYONG

策划编辑	祁小冬		封面设计	苏永生
责任编辑	吴 波		版式设计	王 微
责任校对	李 蕊		责任监制	朱亚君

出版发行	郑州大学出版社		地 址	郑州市大学路 40 号(450052)
出 版 人	卢纪富		网 址	http://www.zzup.cn
经 销	全国新华书店		发行电话	0371-66966070
印 刷	郑州宁昌印务有限公司			
开 本	787 mm×1 092 mm 1 / 16			
印 张	14.25		字 数	331 千字
版 次	2024 年 12 月第 1 版		印 次	2024 年 12 月第 1 次印刷

书 号	ISBN 978-7-5773-0154-9		定 价	39.00 元

▶ 作者名单

主　编　胡国喜　季传帅

副主编　张　宝

▶ 前 言

随着科学技术的不断发展,PLC(programmable logic controller,可编程逻辑控制器)在工业自动控制的各个领域得到广泛的应用。PLC 的相关课程成为机电一体化、电气自动化、工业机器人等专业必学的科目之一。

本书以西门子 S7-1200 PLC 作为载体,进行项目的设定。采用任务驱动的方式,让学生在做中学、学中做。每个任务有学习目标、知识链接、任务引入、任务实施、任务评价、知识点测评等。内容编排由浅入深、循序渐进,便于学生自主学习。

本书具有以下特点:

1. 以工作任务为主线,通过工作任务的实施,引导学生学习,从而达到 PLC 课程教学目标。本书共有 20 个工作任务,把 PLC 理论知识融入任务中,使学生能够理解枯燥的理论知识,然后进行灵活应用,从而达到培养学生专业技能和提升学生职业素质的目的。

2. 运用信息化手段展现立体化学习资源,以微课、技能操作视频、电子教案等丰富的数字化教学资源库作为支撑,构建新形态立体化课程体系。

3. 本书基础篇在基础知识安排上,打破了传统的知识体系,针对任务中需要用到的知识进行学习,还安排有知识点测评,可以发散学生的思维能力,拓宽学生的编程思路。学生通过学习能够举一反三,不但能学会本节任务,运用以前学过的或者其他方法完成本节任务,还可以运用本任务学的知识点完成其他任务。

4. 本书进阶篇设置了两个任务,主要讲述的是以太网通信。S7-1200 PLC 上集成了PROFINET 接口,支持以太网和基于 TCP/IP 协议的通信标准,以太网是目前工业控制的主流。以 PLC 与触摸屏通信、PLC 与 ABB 工业机器人通信、三者进行通信调试为任务主线,使学生掌握应用以太网通信的方法。

本书适用于中高职工业机器人专业学生及自动化爱好者入门学习。

在编写本书过程中,参阅了大量的同类教材、资料和文献,在此向相关的作者表示衷心的感谢。

由于编者能力有限,经验不足,书中难免有疏漏之处,敬请广大读者批评指正。

编者

目录

基础篇

进 阶 篇

基础篇

任务一　PLC 概述

学习目标　▶▶

知识目标

1. 了解 PLC 的应用和工作过程。
2. 了解 PLC 的定义、结构及分类。
3. 了解 CPU 模块信号板与信号模块。
4. 了解集成的通信接口与通信模块。
5. 掌握 PLC 的编程语言。

PLC 概述

知识链接　▶▶

1. PLC 的产生

20 世纪 60 年代,工业控制主要是由继电器接触器组成的控制系统。该系统存在设备体积大、调试维护工作量大、通用性及灵活性差、可靠性低、功能简单等缺点,不具有现代工业控制所需要的数据通信、运动控制及网络控制等功能。

1968 年,美国通用汽车制造公司为了适应汽车型号的不断更新,试图寻找一种新型的工业控制器,以解决继电器接触器控制系统普遍存在的问题。因而设想把计算机的功能完备、灵活及通用等优点和继电器控制系统的简单易懂、操作方便和价格便宜等优点结合起来,制成一种适用于工业环境的通用控制装置,并把计算机的编程方法和程序输入方式加以简化,使不熟悉计算机的人也能方便地使用。

1969 年,美国数字设备公司根据通用汽车的要求首先研制成功第一台可编程控制器,称之为可编程逻辑控制器(programmable logic controller,PLC),并在通用汽车公司的自动装置线上试用成功,从而开创了工业控制的新局面。如图 1-1 所示是各种类型的 PLC。

图 1-1　各种类型的 PLC

2. PLC 的概述

自第一台 PLC 问世以来,PLC 很快被应用到汽车制造、机械加工、冶金、矿业、轻工等各个领域,并大大推进了工业 2.0 到工业 4.0 的进程。

PLC 是以微处理器、嵌入式芯片为基础,综合计算机技术、自动控制技术及通信技术发展而来的一种新型工业控制装置,是工业控制的主要手段和重要的基础设备之一,与机器人、CAD/CAM(computer-aided design/computer-aided manufacturing,计算机辅助设计/计算机辅助制造)并称为工业生产的三大支柱。

经过长时间的发展和完善,PLC 的编程概念和控制思想已被广大的自动化行业人员所熟悉,其具有的巨大知识资源是目前任何其他工业控制器[包括 DCS(distributed control system,分散控制系统)和 FCS(fieldbus control system,现场总线控制系统)等]都无法与之相提并论的。实践也进一步证明,PLC 系统的硬件技术成熟、性能价格比较高、运行稳定可靠、开发过程简单方便、运行维护成本很低。因此,PLC 具有旺盛的生命力,并且得到快速进化。

图 1-2 为 PLC 检测与控制的对象,包括指示灯/照明、电动机、泵控制、按钮/开关、光电开关/传感器等。

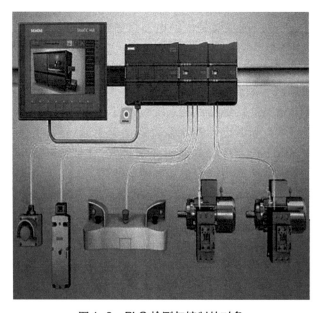

图 1-2　PLC 检测与控制的对象

3. PLC 的应用领域

PLC 在国内外已广泛应用于钢铁、石油、化工、电力、建材、机械制造、汽车、轻纺、交通运输、环保及文化娱乐等各个行业。

使用情况大致可归纳为如下几类：

（1）开关量的逻辑控制

这是 PLC 最基本、最广泛的应用领域，它取代传统的继电器电路，实现逻辑控制、顺序控制，既可用于单台设备的控制，也可用于多机群控及自动化流水线。如注塑机、印刷机、订书机械、组合机床、磨床、包装生产线、电镀流水线等。

（2）模拟量控制

在工业生产过程中，有许多连续变化的量，如温度、压力、流量、液位和速度等，都是模拟量。为了使可编程控制器处理模拟量，必须实现模拟量（analog）和数字量（digital）之间的 A/D 转换及 D/A 转换。PLC 厂家都生产配套的 A/D 和 D/A 转换模块，使可编程控制器用于模拟量控制。

（3）运动控制

PLC 可以用于圆周运动或直线运动的控制。从控制机构配置来说，早期直接用于开关量 I/O 模块连接位置传感器和执行机构，现在一般使用专用的运动控制模块，如可驱动步进电机或伺服电机的单轴或多轴位置控制模块。世界上各主要 PLC 厂家的产品几乎都有运动控制功能，广泛用于各种机械、机床、机器人、电梯等场合。

（4）过程控制

过程控制是指对温度、压力、流量等模拟量的闭环控制。作为工业控制计算机，PLC 能编制各种各样的控制算法程序，完成闭环控制。PID（proportional integral differential，比例积分微分）调节是一般闭环控制系统中用得较多的调节方法。大中型 PLC 都有 PID 模块，目前许多小型 PLC 也具有此功能模块。PID 处理一般是运行专用的 PID 子程序。过程控制在冶金、化工、热处理、锅炉控制等场合有非常广泛的应用。

（5）数据处理

现代 PLC 具有数学运算（含矩阵运算、函数运算、逻辑运算）、数据传送、数据转换、排序、查表、位操作等功能，可以完成数据的采集、分析及处理。这些数据可以与存储在存储器中的参考值比较，完成一定的控制操作，也可以利用通信功能传送到别的智能装置，或将它们打印制表。数据处理一般用于大型控制系统，如无人控制的柔性制造系统；也可用于过程控制系统，如造纸、冶金、食品工业中的一些大型控制系统。

（6）通信及联网

PLC 通信含 PLC 间的通信及 PLC 与其他智能设备间的通信。随着计算机控制的发展，工厂自动化网络发展得很快，各 PLC 厂商都十分重视 PLC 的通信功能，纷纷推出各自的网络系统.新近生产的 PLC 都具有通信接口，通信非常方便。

4. PLC 的结构组成及特点

(1) PLC 的结构组成

PLC 一般由 CPU (中央处理器)、存储器、通信接口和输入/输出模块几部分组成。PLC 结构框图如图 1-3 所示。

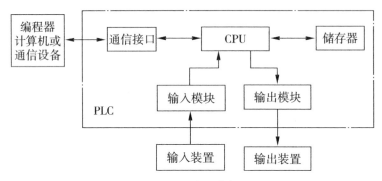

图 1-3　PLC 结构框图

(2) PLC 的特点

①编程简单,容易掌握。
②功能强,性价比高。
③硬件配套齐全,用户使用方便,适应性强。
④可靠性高,抗干扰能力强。
⑤系统的设计、安装、调试及维护工作量少。
⑥体积小、重量轻、功耗低。

5. PLC 的分类

PLC 发展很快,类型很多,可以从不同的角度进行分类。

(1) 按控制规模分

按控制规模,PLC 可分为微型、小型、中型和大型。

微型 PLC 的 I/O 点数一般在 64 点以下,其特点是体积小、结构紧凑、重量轻,以开关量控制为主,有些产品具有少量模拟量信号处理能力。

小型 PLC 的 I/O 点数一般在 256 点以下,除开关量 I/O 外,一般都有模拟量控制功能和高速控制功能。有的产品还有多种特殊功能模板或智能模块,有较强的通信能力。

中型 PLC 的 I/O 点数一般在 1024 点以下,指令系统更丰富,内存容量更大,一般都有可供选择的系列化特殊功能模板,有较强的通信能力。

大型 PLC 的 I/O 点数一般在 1024 点以上,软、硬件功能极强,运算和控制功能丰富,具有多种自诊断功能,一般都有多种网络功能,有的还可以采用多 CPU 结构,具有冗余能力等。

（2）按结构特点分

按结构特点,PLC 可分为整体式、模块式。

（3）按控制性能分

按控制性能,PLC 可分为低档机、中档机、高档机。

6. PLC 工作过程

PLC 是采用循环扫描的工作方式,其工作过程主要分为三个阶段:输入采样阶段、程序执行阶段、输出刷新阶段,如图 1-4 所示。

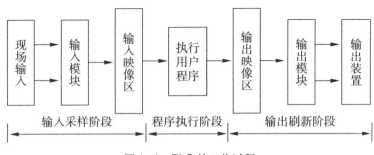

图 1-4　PLC 的工作过程

（1）输入采样阶段

PLC 在开始执行程序之前,首先按顺序将所有输入端子信号读到寄存输入状态的输入映像区中存储,这一过程称为采样。

（2）程序执行阶段

PLC 按顺序进行扫描,即从上到下、从左到右地扫描每条指令,并分别从输入映像寄存器、输出映像寄存器以及辅助继电器中获得所需的数据进行运算和处理。再将程序执行的结果写入输出映像寄存器中保存。但这个结果在全部程序未被执行完毕之前不会送到输出端子上。

（3）输出刷新阶段

在执行完用户所有程序后,PLC 将输出映像区中的内容送到寄存输出状态的输出锁存器中进行输出,驱动用户设备。

7. PLC 的编程语言

PLC 有五种标准化编程语言顺序功能图（sequential function chart,SFC）、梯形图（ladder diagram,LD）、功能模块图（function block diagram,FBD）三种图形化语言和语句表（instruction list,IL）、结构文本（structured text,ST）两种文本语言,最常用的两种编程语

言,一是梯形图,二是助记符语言表。

采用梯形图编程因为它直观易懂,但需要一台个人计算机及相应的编程软件;采用助记符形式便于实验,因为它只需要一台简易编程器。

梯形图是使用最多的 PLC 图形编程语言。梯形图与继电器控制系统的电路图相似,具有直观易懂的优点,很容易被工程技术人员所熟悉和掌握。梯形图程序设计语言具有以下特点:

①梯形图由触点、线圈和用方框表示的功能块组成。

②梯形图中触点只有常开和常闭,触点可以是 PLC 输入点接的开关,也可以是 PLC 内部继电器的触点或内部寄存器、计数器等的状态。

③梯形图中的触点可以任意串、并联。

④内部继电器、寄存器等均不能直接控制外部负载,只能作中间结果使用。

⑤PLC 是按循环扫描事件,沿梯形图先后顺序执行,在同一扫描周期中的结果留在输出状态寄存器中,所以输出点的值在用户程序中可以当作条件使用。

8. 常用的 PLC 品牌

部分 PLC 品牌介绍

①欧洲系列:西门子,倍福,施耐德,贝加莱;

②美国系列:罗克韦尔,GE;

③日本系列:三菱,欧姆龙,松下,基恩士,横河,东芝;

④国产系列:台达,永宏,汇川,信捷,海为,和利时。

其中,西门子公司拥有庞大而全面的产品家族,本书以西门子 SIMATIC 系列 PLC 中的 ST—1200 型号为代表介绍 PLC 技术应用。

知识点测评

一、选择题

1. (　　)年,美国数字设备公司根据通用汽车的要求首先研制成功第一台可编程控制器,称之为可编程逻辑控制器。

A. 1962 　　　　　 B. 1965 　　　　　 C. 1968 　　　　　 D. 1969

2. PLC 是(　　)的简称。

A. 可编程逻辑控制器 　　　　　　　　 B. 可编程控制器

C. 逻辑控制器 　　　　　　　　　　　 D. 可编程逻辑计算控制器

3. PLC 按照控制规模分为(　　)。

A. 小型、中型、大型 　　　　　　　　 B. 微型、小型、中型、大型

C. 微小型、小型、中型、大型 　　　　 D. 小型、中型、大型、超大型

4. 下列 PLC 的品牌中(　　)不是国产。

A. 西门子 　　　　 B. 台达 　　　　 C. 信捷 　　　　 D. 汇川

5. I/O 点数一般在 256 点以下属于(　　)

A. 小型　　　　　　　B. 微型　　　　　　　C. 中型　　　　　　　D. 大型

二、简答题

1. PLC 的工作过程包括哪几个阶段?

2. PLC 常用的编程语言有哪些?

3. PLC 的特点有哪些?

任务评价

姓名				学号				
专业			班级			日期		年　月　日
类别	项目	考核内容			得分	总分	评价标准	
理论	知识准备 (100 分)	了解 PLC 的产生及定义(20 分)					根据掌握情况打分	
		了解 PLC 的应用领域(20 分)						
		了解 PLC 的机构特点及分类(25 分)						
		了解 PLC 的工作过程(20 分)						
		了解 PLC 国内常用的品牌(15 分)						
					教师签名:			

9

任务二 认识西门子 S7-1200 PLC

知识目标

1. 掌握 S7-1200 PLC 模块的基本组成。
2. 掌握 CPU 模块的基础知识及性能指标。
3. 了解电源模块及内存模块。
4. 了解信号板与信号模块。

认识西门子
S7-1200 PLC

知识链接

1. S7-1200 PLC 的概述

西门子系列化的控制器家族产品庞大而全面,可满足不同行业的不同性能要求及应用。使用者可根据具体应用需求及预算,灵活组合、定制。目前,西门子公司的 SIMATIC 系列 PLC 有 S7-400、S7-300、S7-1500、S7-1200、S7-200 SMAART 等型号,如图 2-1 所示。

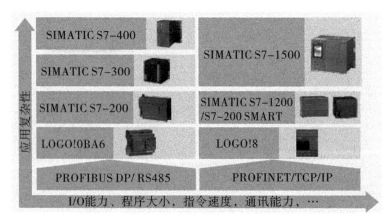

图 2-1 西门子控制家族

S7-1200 是西门子公司的新一代小型 PLC,适用于中低端独立式自动或控制系统。它将微处理器、集成电源、输入和输出电路组合到一个设计紧凑的外壳中以形成功能强大的 PLC,它具有集成的 PROFINET 接口、模块化、结构紧凑、功能全面等特点。S7-1200 PLC 的定位在原有的 S7-200 SMART PLC 和 S7-300 PLC 产品之间。S7-1200 PLC 涵盖了 S7-200 SMART PLC 的原有功能并且新增了许多功能,可以满足更广泛领域的应用。

2. S7-1200 PLC 的选型

S7-1200 PLC 模块组成主要有:CPU 模块、电源模块、信号模块及信号板、内存模块、通信模块。

(1)CPU 模块

CPU 模块是西门子 S7-1200 PLC 的核心。西门子 S7-1200 PLC 的主要性能、运行速度、规模等都是由 CPU 模块的性能体现的。目前,S7-1200 PLC 的 CPU 模块有 7 种型号:CPU 1211C、CPU 1212C、CPU 1214C、CPU 1215C、CPU 1217C、CPU 1214FC、CPU 1215FC。CPU 模块类型如图 2-2 所示。

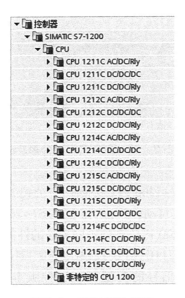

图 2-2　CPU 模块类型

1)CPU 面板　S7-1200 PLC 的外形及结构(已拆卸上、下两盖板)如图 2-3 所示。

S7-1200 PLC 不同型号的 CPU 面板是类似的,在此以 CPU 1215C 为例进行介绍。CPU 有三类运行状态指示灯,用于提供 CPU 模块的运行状态信息。

①STOP/RUN 指示灯:该指示灯的颜色为纯橙色时指示 STOP 模式,纯绿色时指示 RUN 模式,绿色和橙色交替闪烁指示 CPU 正在启动。

②ERROR 指示灯:该指示灯为红色闪烁状态时指示有错误,如 CPU 内部错误、存储卡错误或组态错误(模块不匹配)等,纯红色时指示硬件出现故障。

③MAINT 指示灯：该指示灯在每次插入存储卡时闪烁。

CPU 模块上的 I/O 状态指示灯用来指示各数字量输入或输出的信号状态。

CPU 模块上提供一个以太网通信接口用于实现以太网通信，还提供了两个可指示以太网通信状态的指示灯。其中"Link"（绿色）点亮表示连接成功，"Rx/Tx"（黄色）点亮指示传输活动。

拆卸下 CPU 上的挡板可以安装一个信号板（signal board，SB），通过信号板可以在不增加空间的前提下给 CPU 增加数字量或模块量的 I/O 点数。

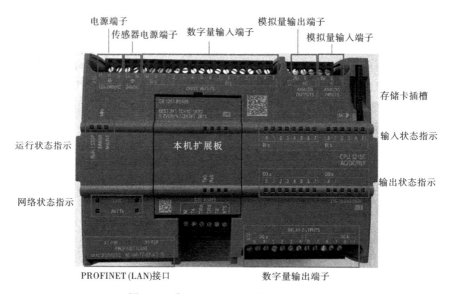

图 2-3　S7-1200 PLC 的外形及结构

2）CPU 技术性能指标　S7-1200 PLC 是西门子公司 2009 年推出的面向离散自动化系统和独立自动化系统的紧凑自动化产品，定位在 S7-200 PLC 和 S7-300 PLC 产品之间。表 2-1 给出了目前 S7-1200 PLC 系列不同型号的性能指标。

3）CPU 版本类型　CPU 1211C、CPU 1212C、CPU 1214C、CPU 1215C 四款 CPU 又根据电源信号、输入信号、输出信号的类型各有三种版本，分别为 DC/DC/DC、DC/DC/RLY、AC/DC/RLY，其中：第一条斜杠前的字母表示的是 PLC 电源的类型，AC 表示交流供电，DC 表示直流供电；第二条斜杠前字母表示的是输入电压；第二条斜杠后字母表示的是 PLC 的输出方式：DC 表示晶体管输出，RLY 表示继电器输出。如表 2-2 所示。

表 2-1　不同型号 CPU 技术性能指标

特性	CPU 1211C	CPU 1212C	CPU 1214C	CPU 1215C	CPU 1217C
物理尺寸(长×宽×深) mm×mm×mm	90×100×75		100×100×75	130×100×75	150×100×75
本机数字量 I/O 点数	6 入/4 出	8 入/6 出	14 入/10 出		
本机模拟量 I/O 点数	2 入		2 入/2 出		
工作存储器	50 kB	75 kB	100 kB	125 kB	150 kB
装载存储器	1 MB	2 MB	4 MB		
掉电保护存储器	10 kB				
位存储器	4096 个字节			8192 个字节	
过程映像大小	1024 字节输入(I)和 1024 字节输出(Q)				
信号模块扩展数量	无	2 个	8 个		
信号板、通信板 或电池板扩展数量	1 个				
通信模块扩展数量	3 个				
高速计数器	最多可以组态 6 个使用任意内置或信号板输入的高速计数器				
脉冲输出	最多 4 路,CPU 本体 100 kHz,通过信号板可输出 200 kHz(CPU 1217 最多支持 1 MHz)				
PROFINET 以太网通信口	1 个			2 个	
布尔指令执行时间	0.04 ms/1000 条指令				
实数指令执行时间	203 μs/指令				
上升沿/下降沿中断点数	6/6	8/8	12/12		
脉冲捕捉输入点数	6	8	14		
24 V DC 传感器电源	300 mA		400 mA		
5 V DC SM/CM 总线电源	750 mA	1000 mA	1600 mA		

表 2-2　CPU 模块版本型号

版本	电源电压	输入电压	输出电压	输出电流
DC/DC/DC	DC 24 V	DC 24 V	DC 24 V	0.5 A,MOSFET
DC/DC/RLY	DC 24 V	DC 24 V	DC 5～30 V,AC 5～250 V	2 A,DC 30 W/AC 200 W
AC/DC/RLY	AC 85～264 V	DC 24 V	DC 5～30 V,AC 5～250 V	2 A,DC 30 W/AC 200 W

①直流(晶体管)输出接线:对于 S7-1200 PLC,只有 200 kHz 的信号板输出既支持源型输出又支持漏型输出,其他信号板、信号模块和 CPU 集成的晶体管输出都只支持源型输出。接线如图 2-4 所示。

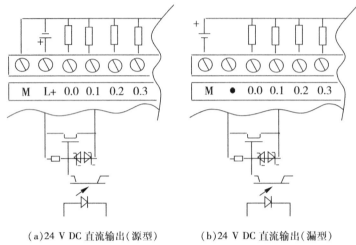

(a)24 V DC 直流输出(源型)　　(b)24 V DC 直流输出(漏型)

图 2-4　直流输出接线图

②继电器输出接线:继电器输出将 PLC 与外部负载实现电路上的完全隔离,每一个继电器通过其常开机械触点实现外部电源对负载供电。因此,继电器输出可以驱动 250 V/2 A 以下交直流负载。图 2-5 中的 1L 是输出电路若干输出点的公共端。

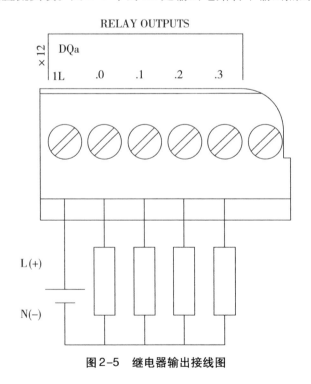

图 2-5　继电器输出接线图

4）CPU 本体拓展能力　S7-1200 PLC 最大能够拓展 1 个信号板（signal board，SB）、电池板（battery board，BB）或通信板（comunication board，CB）、3 块通信模块（comunication model，CM）、8 块信号模块（signal model，SM）。

（2）电源模块

电源模块不仅为西门子 S7-1200 PLC 提供运行的工作电源，有的还可为输入/输出信号提供电源，如图 2-6 所示。

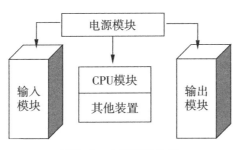

图 2-6　电源模块作用

（3）信号板与信号模块

S7-1200 PLC 提供多种 I/O（输入/输出）信号板和信号模块，用于拓展其 CPU 的输入和输出信号数量的能力。

输入信号：指的是由外界送给 PLC 的信号。一般作为输入信号的器件有按钮、行程开关、热电偶、传感器、光电开关等，如图 2-7 所示。

图 2-7　PLC 的输入信号

15

输出信号:指的是 PLC 要控制的对象。一般作为被 PLC 控制对象的器件有接触器、继电器、电磁阀、指示灯、蜂鸣器、电动机等,如图 2-8 所示。

图 2-8 PLC 的输出信号

1)信号板 CPU 支持一个插入式拓展板,即信号板。信号板可用于只增加少量附加 I/O 的情况下,又不增加硬件的安装空间,安装时将信号板插入 S7-1200 CPU 正面的槽内,安装信号板如图 2-9 所示。信号板有可拆卸的端子,因此很容易更换。信号板有 8 种型号,包括有一点模拟量输出信号板、两点数字量输入输出信号板及 6 种 200 kHz 的数字量输入和数字量输出模块。

(a)信号板外形   (b)安装信号板

图 2-9 信号板

2)信号模块 相对信号板来说,信号模块可以为 CPU 系统拓展更多的 I/O 点数。信号模块包括数字量输入模块、数字量输出模块、数字量输入/输出模块、模拟量输入模块、模拟量输出模块、模拟量输入/输出模块等,如图 2-10 所示,其参数如表 2-3 所示。

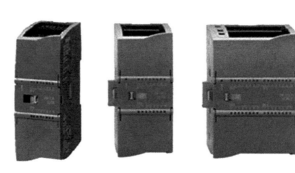

图 2-10 信号模块

表 2-3 信号模块参数

信号模块	SM 1221DC	SM 1221DC		
数字量输入	DI 8×24 V DC	DI 16×24 V DC		
信号模块	SM 1222DC	SM 1222DC	SM 1222RLY	SM 1222RLY
数字量输出	DO 8×24 V DC 0.5A	DO 16×24 V DC 0.5A	DO 8×RLY 30 V DC/250 V AC 2 A	DO 16×RLY 30 V DC/250 V AC 2 A
数字量输入/输出	DI 8×24 V DC/DO 8×24 V DC 0.5A	DI 16×24 V DC/DO 16×24 V DC 0.5A	DI 8×24 V DC/DO 8×RLY 30 V DC/250 V AC 2 A	DI 16×24 V DC/DO 16×RLY 30 V DC/250 V AC 2 A
信号模块	SM 1231 AI	SM 1231 AI		
模拟量输入	AI 4×13 bit±10 V DC/0～20 mA	AI 8×13 bit±10 V DC/0～20 mA		
信号模块	SM 1232 AQ	SM 1232 AQ		
模拟量输出	AQ 2×14 bit±10 V DC/0～20 mA	AQ 4×14 bit±10 V DC/0～20 mA		
信号模块	SM 1232 AI/AQ			
模拟量输入/输出	AI 4×13 bit±10 V DC/0～20 mA AQ 2×14 bit±10 V DC/0～20 mA			

　　各数字量信号模块还提供了指示模块状态的诊断指示灯。其中,绿色指示模块处于运行状态,红色指示模块有故障或处于非运行状态。

　　各模拟量信号模块为各路模拟量输入和输出提供了 I/O 状态指示灯。其中,绿色指示通道已组态且处于激活状态,红色指示个别模拟量输入或输出处于错误状态。此外,各模拟量信号模块还提供有指示模块状态的诊断指示灯,其中绿色指示模块处于运行状态,而红色指示模块有故障或处于非运行状态。

（4）内存模块

内存模块主要用于存储用户程序,有的还可为系统提供辅助的工作内存。在结构上,内存模块都是附加在 CPU 模块中的。图 2-11 为西门子 S7-1200 PLC 的 MMC（multimedia card,多媒体存储）内存模块。该内存模块为 SD 卡,可以存储用户的项目文件。

图 2-11　西门子 S7-1200 PLC 的 MMC 内存模块

MMC 内存模块的功能如下:

①可作为 CPU 的装载存储区,用户的项目文件可以仅存储在 MMC 内存模块中,CPU 没有项目文件,离开 MMC 内存模块无法运行。

②在有编程器的情况下,可作为向多个西门子 S7-1200 PIC 传送项目文件的介质。

③忘记密码时,可清除 CPU 内部的项目文件和密码。

④可以用于更新西门子 S7-1200 PLC 的 CPU 固件版本。

要插入 MMC 内存模块时,需要打开 CPU 的顶盖,然后将 MMC 内存模块插到插槽中,如图 2-12 所示。推弹式连接器可以轻松插入和取出 MMC 内存模块。MMC 内存模块的安装要正确。

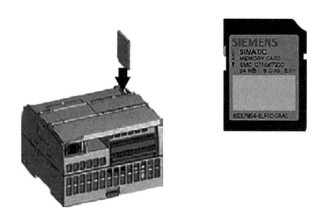

图 2-12　MMC 内存模块外形及安装位置

（5）通信模块

工业以太网是现场总线发展的趋势,已经占有现场总线的半壁江山。PROFINET 是基于工业以太网的现场总线,是开放式的工业以太网标准,它使工业以太网的应用扩展到了控制网络最底层的现场设备。通过 TCP/IP 标准,S7-1200 提供的集成 PROFINET 接口可用于编程软件 STEP 7 通信,以及与 SIMATICHMI 精简系列面板通信,或与其他 PLC 通信。此外它还通过开放的以太网协议 TCP/IP 和 ISO-on-TCP 支持与第三方设备的通信。该接口的 RJ 45 连接器具有自动交叉网线功能,数据传输速率为 10 Mb/s ~ 100 Mb/s,支持最多 16 个以太网连接。该接口能实现快速、简单、灵活的工业通信,通信模块如图 2-13 所示。

图2-13　通信模块

CSM 1277 是一个 4 端口的紧凑型交换机,用户可以通过它将 S7-1200 连接到最多 3 个附加设备。除此之外,如果将 S7-1200 和 SIMATIC NET 工业无线局域网组件一起使用,还可以构建一个全新的网络。

知识点测评

一、选择题

1. CPU 的版本为 DC/DC/DC,其中第一个斜杠前的 DC 代表(　　)。
A. 交流供电　　　　B. 直流供电　　　　C. 晶体管输出　　　D. 继电器输出
2. CPU 的版本为 AC/DC/RLY,其中第二个斜杠后的一个 RLY 代表(　　)。
A. 交流供电　　　　B. 直流供电　　　　C. 晶体管输出　　　D. 继电器输出
3. 下列可以作为 PLC 的输入信号的器件是(　　)
A. 行程开关　　　　B. 电动机　　　　C. 继电器　　　　D. 电磁阀
4. 下列选项中(　　)模块不属于 S7-1200 的 CPU 模块。
A. CPU 1211C　　　B. CPU 1214C　　　C. CPU 1215C　　　D. CPU 1216C

5. S7-1200 是西门子公司的新一代(   )PLC。

A. 小型　　　　　　　B. 微型　　　　　　　C. 中型　　　　　　　D. 大型

二、判断题

1. S7-1200 PLC 的 STOP/RUN 指示灯的颜色为纯红色时指示 STOP 模式。 (   )

2. ERROR 指示灯红色闪烁状态时指示有错误,如 CPU 内部错误、存储卡错误或组态错误(模块不匹配)等,纯红色时指示硬件出现故障。 (   )

3. S7-1200 PLC 的 CPU 的版本为 DC/DC/RLY,该 CPU 只能输出直流电压。
(   )

4. S7-1200 PLC 的 CPU 最大能够拓展 1 个信号板、电池板或通信板,3 块通信模块,8 块信号模块。 (   )

5. 电源模块只能给 CPU 提供工作的电源。 (   )

6. 内存模块主要用于存储用户程序,有的还可为系统提供辅助的工作内存。(   )

7. MMC 内存模块可以用于更新西门子 S7-1200 PLC 的 CPU 固件版本。 (   )

三、简答题

1. S7-1200 PLC 模块主要由哪几部分组成?

2. 简述信号模块与信号板的区别与联系。

任务评价 ▶▶▶

姓名			学号				
专业			班级		日期		年 月 日
类别	项目	考核内容		得分	总分		评价标准
理论	知识准备 (100 分)	了解 S7-1200 PLC 模块的基本组成(10 分)					根据掌握情况打分
		了解 CPU 模块基础知识及性能指标 (40 分)					
		了解电源模块及内存模块(20 分)					
		了解信号板与信号模块(30 分)					
					教师签名:		

任务三　S7-1200 PLC 的安装与拆卸

学习目标 ▶▶▶

知识目标

1. 掌握 S7-1200 PLC 的安装与拆卸的步骤方法。
2. 掌握 S7-1200 PLC 的安装注意事项。

S7-1200 PLC
的安装与拆卸

技能目标

1. 熟练安装与拆卸 CPU、信号模块、通信模块。
2. 熟练安装与拆卸信号板、端子板、电源模块。

知识链接 ▶▶▶

1. S7-1200 PLC 安装注意事项

S7-1200 PLC 尺寸较小,易于安装,可以有效地利用空间。安装位置如图 3-1 所示,安装时应注意以下几点:

①可以将 S7-1200 PLC 水平或垂直安装在面板或标准导轨上。

②S7-1200 PLC 采用自然冷却方式,因此要确保其安装位置的上、下部分与邻近的设备之间至少留出 25 mm 的空间,并且 S7-1200 PLC 与控制柜外壳之间的距离至少为 25 mm(安装深度)。

③当采用垂直安装方式时,其允许的最大环境温度要比水平安装方式降低 10 ℃,此时要确保 CPU 被安装在最下面。

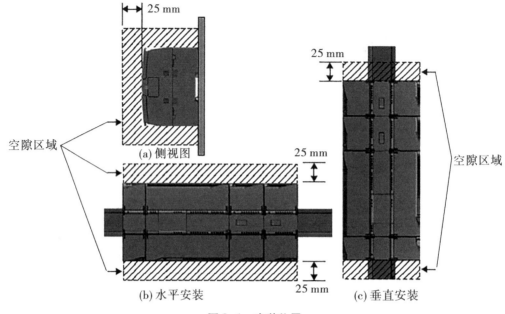

图 3-1　安装位置

任务引入

对 S7-1200 的硬件进行安装与拆卸,硬件包括 CPU 模块、信号模块、通信模块、信号板、端子板和电源模块。

任务实施

1. 安装与拆卸 CPU 模块

安装 CPU 模块

(1) 将 CPU 模块安装在 DIN 导轨上

通过导轨卡夹可以很方便地将 CPU 安装在标准 DIN 导轨或面板上,安装 CPU 模块如图 3-2 所示。首先要将全部通信模块连接到 CPU 上,然后将它们作为一个单元来安装。

图 3-2　安装 CPU 模块

具体步骤如下：

①安装 DIN 导轨，将导轨按照每隔 75 mm 的距离分别固定到安装板上。

②拉出 CPU 下方的 DIN 导轨卡夹，以便将 CPU 安装到导轨上。

③将 CPU 挂到 DIN 导轨上方。

④向下转动 CPU 使其在导轨上就位。

⑤推入卡夹将 CPU 锁定到导轨上。

（2）拆卸 CPU 模块

若要准备拆卸 CPU，先断开 CPU 的电源及其 I/O 连接器、接线或者电缆。将 CPU 和所有相连的通信模块作为一个整体单元拆卸。所有信号模块应保持安装状态。如果信号模块已连接到 CPU，则需要先缩回总线连接器，拆卸 CPU 模块如图 3-3 所示。

拆卸 CPU 模块

图 3-3　拆卸 CPU 模块

拆卸步骤如下：

①将螺钉旋具放到信号模块上方的小接头旁。

②向下按，使连接器与 CPU 分离。

③将小接头完全滑到右侧。

④拉出 DIN 导轨卡夹，从导轨上松开 CPU。

⑤向上转动 CPU，使其脱离导轨，然后从系统中卸下 CPU。

2. 安装与拆卸信号模块

（1）将信号模块安装在 DIN 导轨上

在安装 CPU 之后还要安装信号模块（SM），如图 3-4 所示。

安装与拆卸信号模块

图 3-4　安装信号模块

具体步骤如下：

①卸下 CPU 右侧的连接器盖。将螺钉旋具插入盖上方的插槽中，将其上方的盖轻轻撬出并卸下盖，收好以备再次使用。

②将 SM 挂到 DIN 导轨上方，拉出下方的 DIN 导轨卡夹，以便将 SM 安装到导轨上。

③向下转动 CPU 旁的 SM，使其就位，并推入下方的卡夹，将 SM 锁定到导轨上。

④伸出总线连接器，即为信号模块建立了机械和电气连接。

（2）拆卸信号模块

可以在不卸下 CPU 或其他信号模块处于原位时卸下任何 SM，拆卸信号模块如图 3-5 所示。若要准备拆卸 SM，断开 CPU 的电源并卸下 SM 的 I/O 连接器和接线即可。

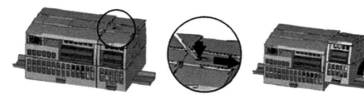

图 3-5 拆卸信号模块

具体步骤如下：

①使用螺钉旋具缩回总线连接器。

②拉出 SM 下方的 DIN 导轨卡夹，从导轨上松开 SM，向上转动 SM，使其脱离导轨。

③盖上 CPU 的总线连接器。

3. 安装与拆卸通信模块

（1）安装通信模块

安装通信模块（CM），首先将 CM 连接到 CPU 上，然后再将整个组件作为一个单元安装到 DIN 导轨面板上，如图 3-6 所示。

具体步骤如下：

①卸下 CPU 左侧的总线盖。将螺钉旋具插入总线盖上方的插槽中，并轻轻撬出上方的盖。

②使用 CM 的总线连接器和接线柱与 CPU 上的孔对齐。

③用力将两个单元压在一起直到接线柱卡到位。

④将该单元安装在 DIN 导轨或面板上即可。

图 3-6 安装通信模块

（2）拆卸通信模块

拆卸时,将 CPU 和 CM 作为一个完整单元从 DIN 导轨或面板上卸下,如图3-7 所示。具体步骤如下:

①断开 CPU 的电源,拆除 CPU 和 CM 上的 I/O 连接器和所有接线及电缆。

②拉出 CPU 和 CM 下部 DIN 导轨卡夹。

③同时向上转动 CPU 和 CM 模块,从 DIN 导轨上卸下 CPU 和 CM。

④用力抓住 CPU 和 CM,将它们分开。

注意:请不要使用工具来分离这两个模块,因为这可能会损坏单元。

图3-7　拆卸通信模块

4. 安装与拆卸信号板

安装与拆卸信
号板

（1）安装信号板

要安装信号板(SB),首先要断开 CPU 的电源并卸下 CPU 上部和下部的端子板盖子,如图3-8 所示。

图3-8　安装信号板

具体步骤如下:

①将螺钉旋具插入 CPU 上部接线盒盖背面的插槽中。

②轻轻将盖撬起,并从 CPU 上卸下。

③将 SB 直接向下放 CPU 上部的安装位置中。

④用力将 SB 压入该位置,直到卡入就位。

⑤重新装上端子板盖子。

（2）拆卸信号板

从 CPU 上卸下 SB，要断开 CPU 的电源并卸下 CPU 上部和下部的端子盖子，拆卸信号板如图 3-9 所示。

图 3-9　拆卸信号板

具体步骤如下：
①将螺钉旋具插入 SB 上部的槽中。
②轻轻将 SB 撬起，使其与 CPU 分离。
③将 SB 直接从 CPU 上部的安装位置中取出。
④重新装上 SB 盖。
⑤重新装上端子板盖子。

5. 安装与拆卸端子板

（1）安装端子板

安装端子板连接器示意图如图 3-10（a）所示，具体步骤如下：

安装与拆卸
端子板

①断开 CPU 的电源并打开端子板的盖子，准备端子板安装的组件。
②使连接器与单元上的插针对齐。
③将连接器的接线边对准连接器座沿的内侧。
④用力按下并转动连接器，直到卡入到位。
⑤仔细检查，以确保连接器已正确对齐并完全啮合。

（2）拆卸端子板

拆卸 S7-1200 PLC 端子板连接器之前要断开 CPU 的电源，拆卸端子板示意图如图 3-10（b）所示。

（a）安装端子板　　　　　　　　　（b）拆卸端子板

图 3-10　安装、拆卸端子板

具体步骤如下：
①打开连接器上方的盖子。

②查看连接器的顶部并找到可插入螺钉旋具头的槽。

③将螺钉旋具插入槽中。

④轻轻撬起连接器顶部,使其与 CPU 分离,连接器从夹紧位置脱离。

⑤抓住连接器并将其从 CPU 上卸下。

6. 安装与拆卸电源模块

(1) 安装电源模块

安装 PLC 外部电源,安装示意图如图 3-11 所示。

安装与拆卸电
源模块

图 3-11 安装电源模块

具体步骤如下:

①将电源模块挂到 DIN 导轨上方。

②拉出电源模块下方的 DIN 导轨卡夹,以便将电源模块安装到导轨上。

③向下转动电源模块使其在导轨上就位。

④松开卡夹使电源模块锁定到导轨上。

(2) 拆卸电源模块

若要准备拆卸电源模块,先断开电路的总电源,然后拆下电源模块上的连接线。

具体步骤如下:

①拉出 DIN 导轨卡夹,从导轨上松开电源。

②向上转动电源,使其脱离导轨,然后从系统中卸下电源即可。

7. 拓展训练

按上述介绍方法,对 CPU 模块、信号模块、通信模块、信号板、端子板和电源模块进行安装与拆卸训练,以达到熟练拆装的效果。

知识点测评

一、选择题

1. S7-1200 PLC 要确保其安装位置的上、下部分与邻近的设备之间至少留出（　　）的距离。

A. 5 mm　　　　　　B. 15 mm　　　　　　C. 20 mm　　　　　　D. 25 mm

2. 信号模块简称（　　）。

A. CM　　　　　　B. SM　　　　　　C. SB　　　　　　D. BM

二、判断题

1. S7-1200 PLC 只能水平或垂直安装在面板或标准导轨上。　　　　　（　　）

2. S7-1200 PLC 采用强制对流的方式进行散热。　　　　　（　　）

3. 通信模块简称 SM。　　　　　（　　）

三、简答题

1. 请简述安装与拆卸 CPU 模块的步骤。

2. 请简述安装与拆卸信号模块的步骤。

任务评价

姓名			学号				
专业			班级		日期	年 月 日	
类别	项目	考核内容			得分	总分	评价标准
技能	技能目标 (75分)	安装与拆卸 CPU 模块					根据掌握情况打分
		安装与拆卸信号模块					
		安装与拆卸通信模块					
		安装与拆卸信号板					
		安装与拆卸端子板					
		安装与拆卸电源模块					
	任务完成 质量 (15分)	优秀(15分)					
		良好(10分)					
		一般(8分)					
	职业素养 (10分)	沟通能力、职业道德、团队协作能力、 自我管理能力					
						教师签名：	

S7-1200 PLC
基本电路安装
与连接

学习目标

知识目标

1. 掌握不同类型 CPU 接线的方法、步骤。
2. 掌握选用 CPU 类型的方法。

技能目标

熟练完成不同类型 CPU 的硬件连接。

知识链接

1. CPU 1215C 接线参考图

（1）CPU 1215C AC/DC/RLY 接线图

CPU 1215C AC/DC/RLY 的外部接线图如图 4-1 所示。输入回路一般使用图中标①的 CPU 内置 DC 24 V 传感器电源,漏型输入时需要去除图中标②的外接 DC 电源,将输入回路的 1M 端子与 DC 24 V 传感器电源的 M 端子连接起来,将内置的 24 V 电源的 L+端子接到外接触点的公共端。源型输入时将 DC 24 V 传感器电源的 L+端子接到 1M 端子。

（2）CPU 1215C DC/DC/RLY 接线图

CPU 1215C DC/DC/RLY 的外部接线图如图 4-2 所示,其电源电压、输入回路电压均为 DC 24 V。输入回路也可以使用内置 DC 24 V 电源。输出回路电压可以采用直流电源供电,也可以用交流电源供电。

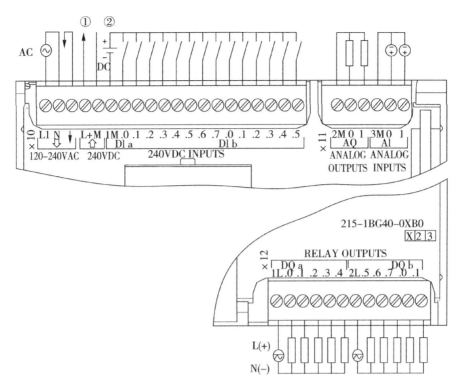

图4-1 CPU 1215C AC/DC/RLY 的外部接线图

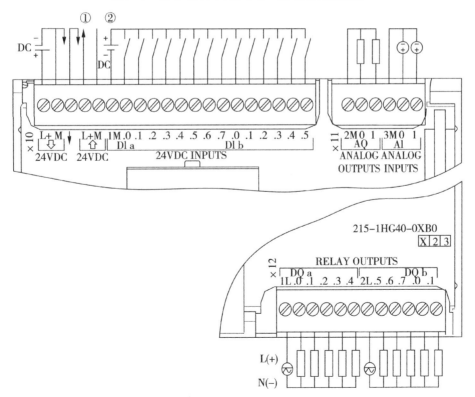

图4-2 CPU 1215C DC/DC/RLY 的外部接线图

(3)CPU 1215C DC/DC/DC 接线图

CPU 1215C DC/DC/DC 的外部接线图如图 4-3 所示,其电源电压、输入回路电压和输出回路电压均为 DC 24 V。输入回路也可以使用内置 DC 24 V 电源。

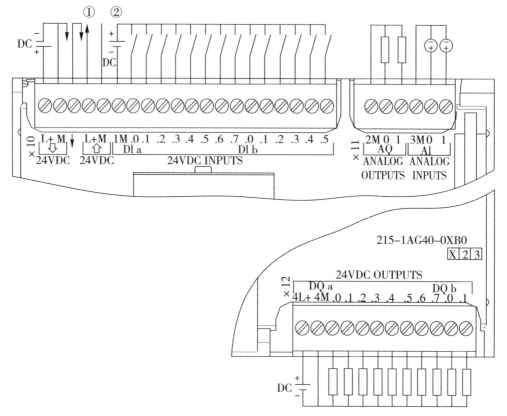

图 4-3　CPU 1215C DC/DC/DC 的外部接线图

注意:①24 V DC 传感器电源。

②对于漏型输入将负载连接到"-"端(如图 4-3 所示),对于源型输入将负载连接到"+"端。

(4)直流开关电源

1)定义　直流开关电源就是通过电路控制开关管进行高速导通与截止,将交流电提供给变压器进行变压转换成高频的直流电,从而产生所需要的一组或多组电压。

2)组成　①输入滤波器:其作用是将电网存在的杂波过滤,同时也阻碍本机产生的杂波反馈到公共电网。

②整流与滤波:将电网交流电源直接整流为较平滑的直流电,以供下一级变换。

③逆变:将整流后的直流电变为高频交流电,这是高频开关电源的核心部分,频率越高,体积、重量与输出功率之比越小。

④输出整流与滤波:根据负载需要,提供稳定可靠的直流电源。

3)工作原理　①交流电源输入经整流滤波成直流；

②通过高频 PWM(pulse width modulation,脉冲宽度调制)信号控制开关管,将上述直流加到开关变压器初级上；

③开关变压器次级感应出高频电压,经整流滤波供给负载；

④输出部分通过一定的电路反馈给控制电路,控制 PWM 占空比,以达到稳定输出的目的。

4)使用方法　将开关电源的 L 端接市电的火线,N 端接市电的零线。接地端子连接市电的地线。在+V 和-V 端就会输出一个直流电压,有些电源具有输出电压调节功能,电压调节一般用"ADJ"来标注。端子定义如图4-4所示。

图4-4　直流开关电源端子定义图

2. 电气安装标准与规范

(1)线槽

①线槽应平整、无扭曲变形,壁应光滑、无毛刺。

②线槽的连接应连续无间断。每节线槽的固定点不应少于两个,在转角、分支处和端部均应有固定点,并紧贴墙面固定。

③线槽接口应平直、严密,槽盖应齐全、平整、无翘角。

④固定或连接线槽的螺钉或其他紧固件,紧固后其端部应与线槽表面光滑相接。

⑤线槽敷设应平直整齐,水平或垂直允许偏差为其长度的 2%,全长允许偏差为 20 mm。并列安装时,槽盖应便于开启。

⑥线槽的出线口应位置正确、光滑、无毛刺。

(2)导线

1)导线绝缘颜色　接线三相火线黄、绿、红色,零线蓝色。两相火线红色,零线蓝色。保护接地系统必须良好,接地线采用黄绿线。控制线及信号线均为黑线。

2)导线电流与导线规格　具体要求见表 4-1。

表 4-1　导线面积对应电流值

导线标称截面积 S/mm^2	额定电流 I/A
0.75	$I \leqslant 6$
1.0	$6 < I \leqslant 10$
1.5	$10 < I \leqslant 16$
2.5	$16 < I \leqslant 25$
4	$25 < I \leqslant 32$
6	$32 < I \leqslant 40$
10	$40 < I \leqslant 63$

3)导线选材　电源线使用 BVR 线(铜芯聚氯乙烯绝缘软护套导线),电机线和控制线使用 RVVP 屏蔽电缆,地线使用 RV 导线。各导线线径应严格按照电气图纸标示执行。各断路器、交流接触器、热过载继电器电源输入和输出使用的线径必须一致,不能进线粗、出线细,更不能进线细、出线粗。

(3)布线

①为防止电气干扰,接线时应使主电路线缆与控制电路线缆相分离。不能将其放在同一导管中,也不能将其绑扎在一起。电源线和控制线走线槽时应尽量分开,避免交叉走线,以减少干扰。

②各导线须套上电气图纸上所标示的线号。单根 1 mm² 的导线使用 Φ1.5 的 PVC 号码管打印的线号,两根 1 mm² 的导线使用 Φ2.5 的 PVC 号码管打印的线号。电源线根据线径使用 Φ1.5、Φ2.5 或 Φ6 的 PVC 号码管打印的线号。

③套线号时,各线号方向应该一致,规定逆时针观看线号从上到下为正向。

④线号 6 和线号 9 应加以区分,用打号机打号时,切勿混淆。

⑤各控制线接线时应剪取适当长度,留 3～5 cm 余量即可,不可过长,更不可过短。另外,走线时应避免在线槽内产生交叉,应当理顺各导线。

⑥布线整齐一致,线号朝正面,盘内、箱内无杂物,线槽内导线整齐,线槽盖好。导线连接好后,用毛刷和吸尘器将盘面、控制器表面清理干净,使盘内无导线头和金属碎末。

⑦电控盘装到机组上的电控箱内时,电控盘上螺母时应先装入弹垫、平垫。

⑧使用尼龙扎带时选用长度适宜的扎带,严禁因扎带长度不足而使用两根扎带进行捆扎的现象发生。

⑨接线的时候,注意导线裸露部分漏出的长度不要超过 1 mm。

(4) 接线端子

①应用合适的管形预绝缘端头和叉形预绝缘端头压接导线,剥线长度要按端头金属部分长度剥线,压接时须压接牢固、饱满,螺丝要拧紧,保证用力轻拉时勿使拉出和脱落。连接端子时应确保相邻的端子不会相互接触。

②各导线压接端头时,应按照触点具体接线形式压接相应端头。单孔端子须使用管形预绝缘端头;两孔端子须使用叉形预绝缘端头或叉形裸端头;接地须使用圆形预绝缘端头。

③当两根导线连接无法压接线鼻子时,应用绝缘接线头进行连接。

(5) 接地规定

①接至电气设备上的接地线,应用镀锌螺栓连接;有色金属接地线不能采用焊接时,可用螺栓连接。螺栓连接处的接触面应按现行国家标准《电气装置安装工程母线装置施工及验收规范》(GB 50149—2010)的规定处理,接触面应加工平整,无氧化膜。

②在设计结构图时,电控箱门的接地应有专用的接地螺栓,接地螺栓宜采用 M5×15 的螺栓在喷塑前焊接在箱门的相应位置,喷塑时应将螺栓遮掩好再进行喷塑。连接地线时,应在螺栓底部加一平垫圈,再连接用圆形预绝缘端头压接的地线,顺次加上平垫圈、弹垫圈、螺母后拧紧。用 RVS5.5-5 圆形预绝缘端头接好地线;电控盘、电控箱门及电控箱需可靠接地,电控箱防触电标识粘贴到位、牢固。

③与保护接地相连的导线上的绝缘体必须至少在导线终端用黄/绿色来识别;用黄/绿色绝缘作识别仅适用于保护接地线、与保护接地相连的导线,电位均衡导线及功能接地导线。

(6) 标志

在电气件表面粘贴对应的标识,标识以电气图纸为准,粘贴要牢固。

任务引入

完成 CPU 1215C DC/DC/DC 电源电路的连接、输入和输出电路的连接。

任务描述

按照如图 4-5 所示的硬件原理图完成电源电路、输入电路、输出电路的连接(CPU 采用 1215C 的 DC/DC/DC 版本)。

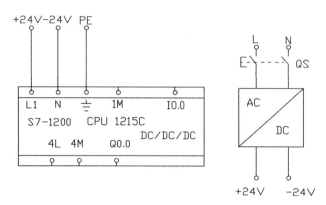

图 4-5　硬件原理图

任务实施　▶▶

1. 连接电源电路

首先将带有插头的电源线连接到空气开关的输入端。从空气开关的出线端的火线连接到直流电源的 L 接线端子。出线端的零线接到直流电源的 N 接线端子。电源电路原理图如图 4-6 所示,对应的实物连接图如图 4-7 所示。

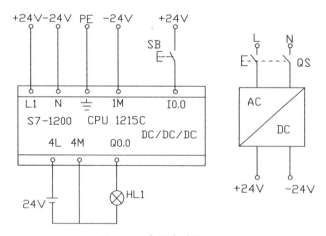

图 4-6　电源电路原理图

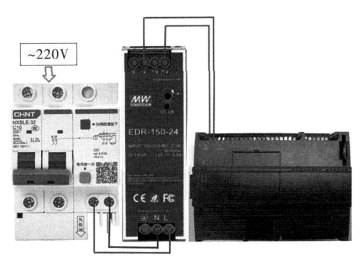

图4-7　电源电路实物接线图

2. 连接输入电路

将常开按钮的一端接入 PLC 的 I0.0 输入端口,另外一端接直流电源的"+V"(24 V 电源的正极);将 PLC 输入端的公共端 1M 接入直流电源的"-V"(24 V 电源的负极)。输入端连接完毕。输入电路原理图如图4-8 所示,对应的实物连接图如图4-9 所示。

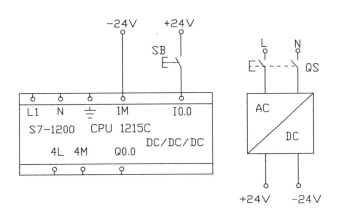

图4-8　输入电路原理图

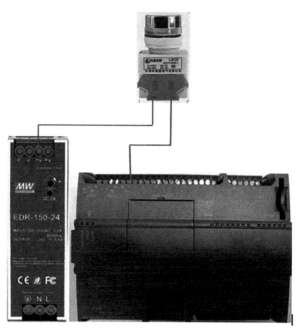

图4-9 输入电路实物接线图

3. 连接输出电路

将 24 V 指示灯的一端连接到 PLC 的输出端 Q0.0,另外一端连接到直流电源的
"–V"(24 V 电源的负极);将输出端公共端 4L 接直流电源的"+V"(24 V 电源的正
极),4M 接直流电源的"–V"(24 V 电源的负极)。输出电路原理图如图 4-10 所示,对应
的实物连接图如图 4-11 所示。

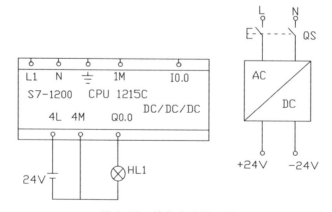

图4-10 输出电路原理图

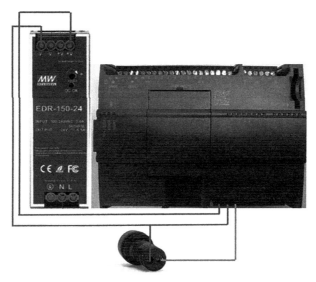

图 4-11　输出电路实物接线图

4. 调试硬件连接电路

(1) 用万用表调到电阻挡, 检测 PLC 电源是否有短路

①检查火线与外壳间阻值, 判断是否有短路。

②检查零线与外壳间阻值, 判断是否有短路。

③检查火线与零线间阻值, 判断是否有短路。

④检查直流 24 V 正极与 24 V 负极间阻值, 判断是否有短路。

注意: 确定电源之间无短路后再进行下列的操作。

(2) 插上电源插头, 推上空气开关操作手柄

观察 CPU 运行指示灯是否点亮, 点亮表示电源正常。

(3) 按下输入按钮

对应的 I0.0 指示灯点亮表示输入端连接正常。

知识点测评

一、选择题

1. 控制线及信号线一般选用(　　　)。

A. 红色　　　　　　　B. 绿色　　　　　　　C. 黄色　　　　　　　D. 黑色

2. 一般电路中的额定电流 $I \leqslant 6$ A 时, 我们选用截面积为(　　　)的导线。

A. 4 mm^2　　　　　　B. 0.75 mm^2　　　　　C. 1 mm^2　　　　　　D. 2 mm^2

3 各导线须套上电气图纸上所标示的线号,单根 1 mm² 的导线使用( )的 PVC 号码管打印的线。

A. Φ1.5   B. Φ2.5   C. Φ3.5   D. Φ4.5

二、判断题

1. 两根 1 mm² 的导线使用 Φ2.5 的 PVC 号码管打印的线号。   ( )

2. 接线三相火线黄、绿、粉色,零线蓝色。两相火线红色,零线蓝色。   ( )

3. 线槽的连接应连续无间断。每节线槽的固定点不应少于两个,在转角、分支处和端部均应有固定点,并紧贴墙面固定。   ( )

4. 接线的时候,注意导线裸露部分漏出的长度不要超过 2 mm。   ( )

5. 各控制线接线时应剪取适当长度,留 3～5 cm 余量即可,不可过长,更不可过短。另外,走线时应避免在线槽内产生交叉,应当理顺各导线。   ( )

6. 套线号时,各线号方向应该一致,规定逆时针观看线号从上到下为正向。   ( )

任务评价 ▶▶▶

姓名				学号				
专业			班级			日期		年 月 日
类别	项目		考核内容		得分	总分		评价标准
技能	技能目标 (75 分)		电源电路的连接正确(25 分)					根据掌握情况打分
			输入电路的连接正确(25 分)					
			输出电路的连接正确(25 分)					
	任务完成 质量 (15 分)		优秀(15 分)					
			良好(10 分)					
			一般(8 分)					
	职业素养 (10 分)		沟通能力、职业道德、团队协作能力、自我管理能力					
								教师签名:

任务五　博途编程软件的安装与使用

学习目标　▶▶▶

知识目标

1. 了解博途编程软件的安装环境。
2. 掌握博途编程软件的安装步骤及方法。
3. 掌握 S7-1200 项目的创建步骤和方法。

技能目标

1. 掌握博途编程软件的简单使用方法。
2. 掌握 S7-1200 项目的下载方法。
3. 能够根据实际硬件进行设备的组态。

博途编程软件
的安装与使用

知识链接　▶▶▶

博途(Totally Integrated Automation Portal,TIA Portal)是西门子公司推出的一款全集成自动化工程软件,包含了 PLC 编程、HMI 编程、驱动编程、SCADA 编程等多种功能。

1.安装博途编程软件

(1)博途编程软件的安装环境

安装 TIA Portal V14 对计算机软硬件的最低要求如下:

①处理器:CoreTM i5-3320M 3.3 GHz 或者相当配置标准。

②内存:至少 8 G。

③硬盘:300 GB SSD。显示器显示分辨率:最小 1920×1080。

④网络:10 Mbit/s 或 100 Mbit/s 以太网卡安装 TIA Portal V14 需要管理员权限。

⑤操作系统(Windows 7 操作系统:32 位或 64 位):MS Windows 7 Professional SP1、MS Windows 7 Enterprise SP1、MS Windows 7 Ultimate SP1、Microsoft Windows 8.1 Pro、Microsoft Windows 8.1 Enterprise 等。

在安装过程中自动安装自动化许可证。卸载 TIA Portal 时,自动化许可证也被自动卸载。

TIA Portal V14 不能与下列产品同时安装,或者有兼容性问题:WinCC flexible 2008 或更低的版本,WinCC V6.2 SP3 或更低的版本。

(2)安装 TIA Portal V14 编程软件

TIA Portal V14 安装包如图5-1所示,编程软件按照以下顺序依次进行安装并授权:

首先安装"01-STEP7 V14 SP1",再安装"02-WINCC V14 SP1",接着安装"03-PLCSIM V14 SP1",最后授权工具授权。

图 5-1 博途 V14 安装包

具体步骤如下:

①双击打开安装软件文件夹"STEP 7 V14 SP1"。

②右击文件夹中的"SIMATIC_STEP_7_Professional V14"应用程序,选择"以管理员身份运行"(图5-2)。

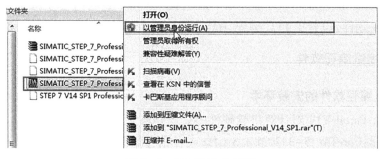

图 5-2 打开安装包界面

③在弹出的对话框中单击"下一步"(图5-3)。

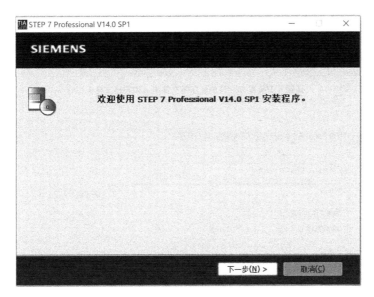

图5-3　安装程序界面

④选择"简体中文",点击"下一步"(图5-4)。

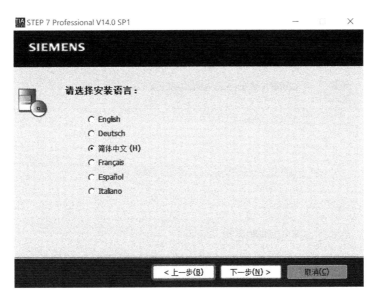

图5-4　设置中文界面

⑤点击"浏览"可选择解压文件的路径,也可以默认路径。勾选"解压缩安装程序文件,但不进行安装",点击"下一步"(图5-5)。

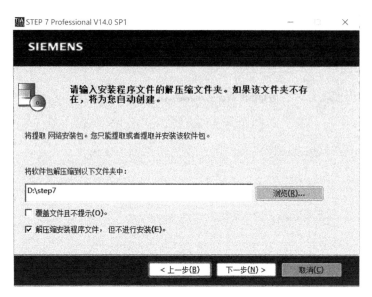

图 5-5　设置安装路径界面

⑥勾选"打开解压缩位置",单击"完成"(图 5-6)。

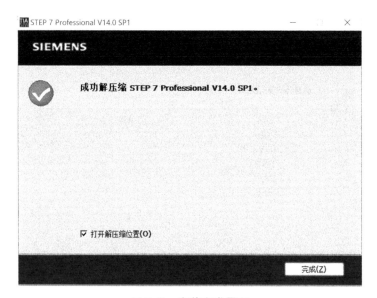

图 5-6　安装完成界面

⑦右击"Start"文件,选择"以管理员身份运行"(图 5-7)。

图5-7 打开软件界面

⑧单击"否",不重启计算机(图5-8)。

图5-8 是否重启计算机界面

⑨打开安装软件文件夹中的"05 解除重启提示工具"文件夹,右击文件夹中的"西门子解除重启提示批处理"应用程序,选择"以管理员身份运行"(图5-9)。

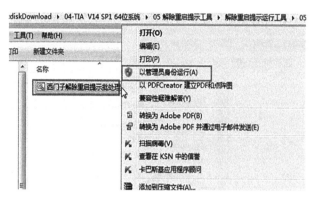

图 5-9　运行软件界面

⑩重复操作第⑦步,选择"安装语言:中文",点击"下一步"(图 5-10)。

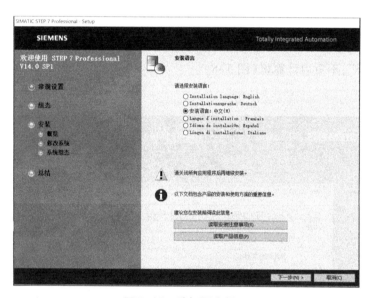

图 5-10　选择语言界面

⑪选择产品语言为"中文",点击"下一步"(图 5-11)。

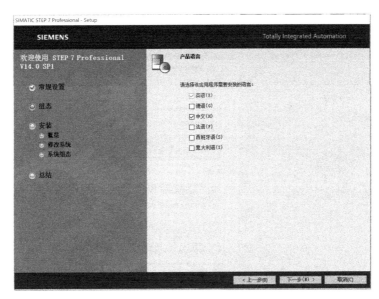

图5-11 选择中文界面

⑫点击"浏览"可选择安装的路径,点击"下一步"(图5-12)。

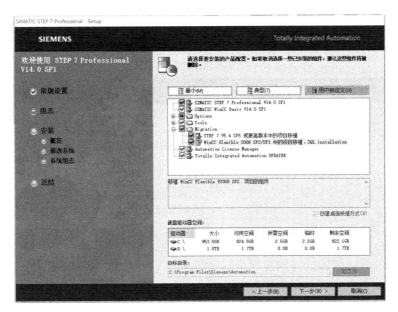

图5-12 选择安装路径界面

⑬勾选"本人接受所列出的许可协议中的所有条款"和"本人特此确认,已阅读并理解了有关产品安全操作的安全信息"选项,然后单击"下一步"按钮(图5-13)。

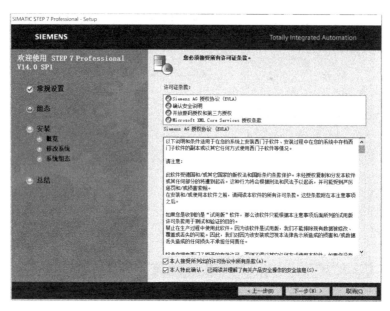

图 5-13　安装许可管理界面

⑭勾选"我接受此计算机上的安全和权限设置"选项,然后单击"下一步"按钮
(图 5-14)。

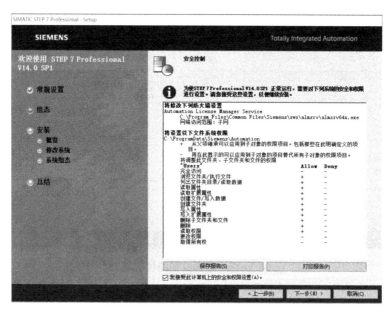

图 5-14　安装权限设置界面

⑮单击"安装"安装过程大约 20 分钟(图 5–15)。

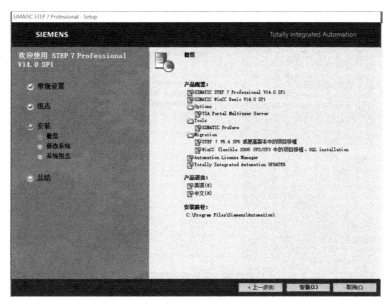

图 5–15 安装准备就绪界面

⑯单击"跳过许可证传送"(图 5–16)。

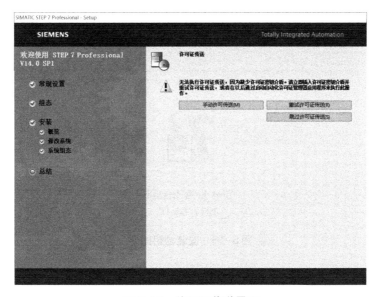

图 5–16 许可证传送界面

⑰选择"是,立即重启计算机",单击"重新启动"(图5-17)。

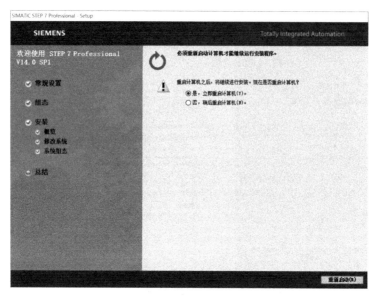

图5-17　重启计算机界面

⑱以上述同样的方法安装"02-WINCC V14 SP1"文件和"03-PLCSIM V14 SP1"文件。

⑲打开安装软件文件夹中的"Sim_EKB_Install_2017_04_01"文件夹。

⑳右击文件夹中的"Sim_EKB_Install_2017_04_01"应用程序(图5-18),选择"以管理员身份运行"。

Sim_EKB_Install
_2017_04_01

图5-18　安装秘钥图标

㉑单击"需要的密钥"然后点"选择"右侧的方框,勾选全部的密钥,再点"安装长密钥"(图5-19),最后启动软件即可。

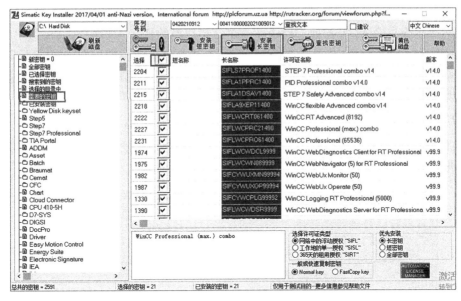

图 5-19　选择密钥界面

2. 编程软件简介

TIA Portal V14 为用户提供两种视图：Portal 视图和项目视图。用户可以在两种不同的视图选择一种最适合的视图，两种视图可以相互切换。

（1）Portal 视图

Portal 视图如图 5-20 所示，在 Portal 视图中可以概览自动化项目的所有任务。初学者可以借助面向任务的用户指南（类似于向导操作，可以一步一步进行相应的选择），以及最适合其自动化任务的编辑器来进行工程组态。

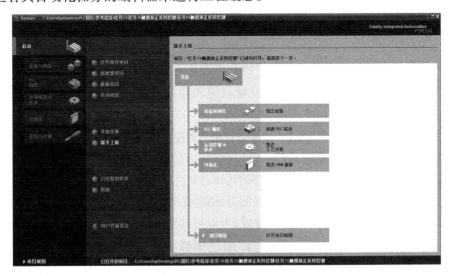

图 5-20　Portal 视图

选择不同的任务入口可处理"启动""设备与网络""PLC 编程""运动控制 & 技术""可视化""在线与诊断"等各种工程任务。在已经选择的任务入口中可以找到相应的操作,例如选择"启动"任务后,可以进行"打开现有项目""创建新项目""移植项目""关闭项目"等操作。"与已选操作相关的列表"显示的内容与所选的操作相匹配,例如选择"打开现有项目"后,列表将显示最近使用的项目,可以从中选择打开。

(2)项目视图

项目视图如图 5-21 所示,在项目视图中可以直接访问所有的编辑器、参数和数据,并进行高效的工程组态和编程。本书主要使用项目视图。

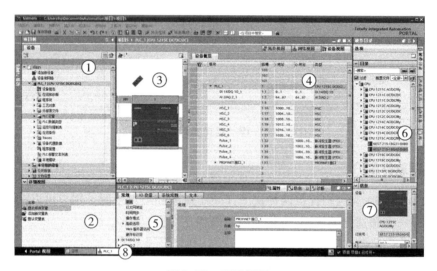

图 5-21 项目视图

1)项目树 项目视图的左侧为项目树(或项目浏览器),即标①的区域,可以用项目树访问所有设备和项目数据,添加新的设备,编辑已有的设备,打开处理项目数据的编辑器。

单击项目树右上角的 ◀ 按钮,项目树和下面标②的详细视图消失,同时在最左边的直条的上端出现 ▶ 按钮。单击 ▶ 将打开项目树和详细视图。可以用类似的方法隐藏和显右边标⑥的任务卡。

将鼠标的光标放到两个显示窗口的交界处,出现带双向箭头的光标时,按住鼠标的左键移动鼠标,可以移动分界线,以调节分界线两边的窗口大小。

2)详细视图 项目树窗口下面标②的区域是详细视图,详细视图显示项目树被选中的对象下一级的内容。上图中的详细视图显示的是项目树的"PLC 变量"文件夹中的内容。详细视图中若为已打开项目中的变量,可以将此中变量直接拖放到梯形图中。

单击详细视图左上角的 ☑ 按钮,详细视图被关闭,只剩下紧靠 Portal 视图的标题,标题左边的按钮变为 ☑ 。单击该按钮将重新显示详细视图。可以用类似的方法显示和隐藏标⑤的巡视窗口和标⑦的信息窗口。

3）工作区　标③的区域为工作区，可以同时打开几个编辑器，但是一般只能在工作区同时显示一个当前打开的编辑器。打开的编辑器在最下面标⑧的编辑器栏中显示。没有打开编辑器时，工作区是空的。

单击工具栏上的 ▯▯— 按钮，可以水平或垂直拆分工作区，同时显示两个编辑器。在工作区同时打开程序编辑器和设备视图，将设备视图中的 CPU 放大到 200% 以上，可以将 CPU 上的 I/O 点拖放到程序编辑器中指令的地址域，这样不仅能快速设置指令的地址，还能在 PLC 变量表中创建相应的条目。也可以用上述方法将 CPU 上的 I/O 点拖放到 PLC 变量中。

单击工作区右上角的 ▮ 按钮，将工作区最大化，将会关闭其他所有的窗口。最大化工作区后，单击工作区右上角的 ▯ 按钮，工作区将恢复原状。

上图的工作区显示的是硬件与网络编辑器的"设备视图"选项卡，可以组态硬件。选中"网络视图"选项卡，将打开网络视图。

可以将硬件列表中需要的设备或模块拖放到工作区的硬件视图和网络视图中。

显示设备视图或网络视图时，标④的区域为设备概览区或网络概览区。

4）巡视窗口　标⑤的区域为巡视窗口，用来显示选中的工作区中的对象附加的信息，还可以用巡视窗口来设置对象的属性，巡视窗口有 3 个选项卡："属性"选项卡用来显示和修改选中的工作区中的对象的属性，左边窗口是浏览窗口，选中其中的某个参数组，右边窗口显示和编辑相应的信息或参数；"信息"选项卡显示已所选对象和操作的详细信息，以及编译的报警信息；"诊断"选项卡显示系统诊断事件和组态的报警事件。

5）编辑器栏　巡视窗口下面标⑧的区域是编辑器栏，显示打开的所有编辑器，可以用编辑器栏在打开的编辑器之间快速地切换工作区显示的编辑器。

6）任务卡　标⑥的区域为任务卡，任务卡的功能与编辑器有关，可以通过任务卡进行进一步的或附加的操作。例如从库或硬件目录中选择对象，搜索与替换项目中的对象，将预定义的对象拖放到工作区。

可以用最右边竖条上的按钮来切换任务卡显示的内容。上图中的任务卡显示的是硬件目录，任务卡的下面标⑦的区域是选中的硬件对象的信息窗口，包括对象的图形、名称、版本号、订货号和简要的描述。

(3) TIA Portal 创建新项目

1）新建一个项目　双击桌面上的 图标，打开博途编程软件，在 Portal 视图中选择"创建新项目"，输入项目名称"1200_first"，可更改项目保存路径，然后单击"创建"按钮进入"新手上路"界面。若打开博途软件后，切换到"项目视图"，执行菜单命令"项目"→"新建"，在出现的"创建新项目"对话框中，可以修改项目的名称，或者使用系统指定的名称，可以更改项目保存的路径或使用系统指定路径。单击"创建"按钮便可生成项目（图 5-22）。

创建项目基本操作

图 5-22 创建新项目界面

2)添加新设备 单击右侧窗口的"组态设备"或左侧窗口的"设备与网络"选项,在弹出窗口项目树中单击"添加新设备",将会出现图 5-23 所示的对话框。单击"控制器"按钮,在"设备名称"栏中输入用户给要添加的设备定义的名称,也可使用系统指定名称"PLC_1",在中间的目录树中通过单击各项前的 ▼ 图标或双击项目名打开"SIMATIC S7-1200"→"CPU"→"CPU 1215C DC/DC/DC",选择与硬件相对应订货号的 CPU,在此选择订货号为"6ES7 215-1AG40-0XB0"的 CPU,在目录树的右侧将显示选中设备的产品介绍及性能。单击窗口右下角的"添加"按钮或双击已选择 CPU 的订货号,均可添加一个 S7-1200 设备。在项目树、硬件视图和网络视图中均可以看到已添加的设备。

图 5-23 添加新设备界面

3)硬件组态 ①设备组态的任务。设备组态(Configuring,配置/设置,在西门子自动化设备中被译为"组态")的任务就是在设备和网络编辑器中生成一个与实际的硬件系统对应的虚拟系统,模块的安装位置和设备之间的通信连接,都应与实际的硬件系统完全相同。在自动化系统启动时,CPU 将比对两系统,如果两系统不一致,将会采取相应的措施。此外还应设置模块的参数,即给参数赋值,或称为参数化。

②在设备视图中添加模块。打开项目树中的"PLC_1"文件夹,双击其中的"设备组态",打开设备视图,可以看到 1 号槽中的 CPU 模块。在硬件组态时,需要将 I/O 模块或通信模块放置在工作区的机架插槽内,有两种放置硬件对象的方法,拖放法和双击法。

拖放法:单击项目视图最右侧竖条上的"硬件目录",打开硬件目录窗口。选中文件夹"DI \ DI8 × 24 VDC"中订货号为"6SE7 221−1BF30−0XB0"的 8 点 DI 模块,其背景变为深色。如图 5−24 所示。

所有可以插入该模块的插槽四周出现深蓝色的方框,只能将该模块插入这些插槽。用鼠标左键按住该模块不放,移动鼠标,将选中的模块"拖"到机架中 CPU 右边的 2 号槽,该模块浅色的图标和订货号随着光标一起

"添加模块"对话框

图 5−24 添加模块界面

移动。移动到允许放置该模块的工作区时,光标的形状为 ▮ (允许放置),反之光标的形状变为 ⊘ (禁止放置)。允许放置时松开鼠标左键,被拖动的模块被放置到工作区。

用上述方法将 CPU 或 HMI 或驱动器等设备拖放到网络视图,可以生成新的设备。

双击法:首先用鼠标左键单击机架中需要放置模块的插槽,使它的四周出现深蓝色的边框。用鼠标左键双击目录中要放置的模块,该模块便出现在选中的插槽中。放置通信模块和信号板的方法与放置信号模块的方法相同,信号板安装在 CPU 模块内,通信模块安装在 CPU 左侧的 101 ~ 103 号槽。可以将信号模块插入已经组态的两个模块中间(只能按拖放的方法放置)。插入点右边的模块将向右移动一个插槽的位置,新的模块被插到空出来的插槽上。

③删除硬件组件。可以删除设备视图或网络视图中的硬件组件,被删除的组件的地址可供其他组件使用。若删除 CPU,则在项目树中整个 PLC 站都被删除了。删除硬件组件后,可能在项目中产生矛盾,即违反插槽规则。选中指令树中的"PLC_1",单击工具栏上的 ▮ 按钮,对硬件组态进行编译。编译时进行一致检查,如果有错误将会显示错误信息,应改正错误后重新进行编译。

④更改设备型号。用鼠标右键单击设备视图中要更改型号的 CPU,执行出现的快捷菜单中的"更改设备类型"命令,选中出现的对话框的"新设备"列表中用来替换的设备的订货号,单击"确定"按钮,设备型号被更改。

⑤打开已有项目。用鼠标双击桌面的 ▮ 图标,在 Portal 视图的右窗口中选择"最近使用的"列表中项目;也可以单击"浏览"按钮,在打开的对话框中找到某个项目的文件夹,双击其中图标为 ▮ 的文件,打开该项目。或打开软件后,在项目视图中,单击工具栏上的 ▮ 图标或执行"项目"→"打开"命令,双击打开的对话框中列出的最近打开的某个项目,打开该项目;也可以单击"浏览"按钮,在打开的对话框中找到某个项目的文件夹并打开。

(4)项目的下载与上传

CPU 是通过以太网与运行 TIA Portal 软件的计算机进行通信。计算机直接连接单台 CPU 时,可以使用标准的以太网电缆,也可以使用交叉以太网电缆。一对一的通信不需要交换机,两台以上的设备通信则需要交换机。下载之前得先对 CPU 和计算机进行正确的通信设置,方可保证成功下载。

1)CPU 的 IP 设置 双击项目树中 PLC 文件夹内的"设备组态",或单击巡视窗口设备名称(添加新设备时,设备名称默认为"PLC_1"),打开该 PLC 的设备视图。选中 CPU 后再单击巡视窗口的"属性"选项,在"常规"选项卡中选中"PROFINET 接口"下的"以太网地址",可以采用右边窗口默认的 IP 地址和子网掩码,如图 5-25 所示,设置的地址在下载后才起作用。

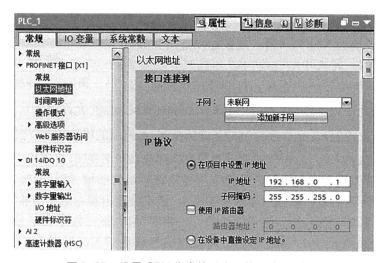

图 5-25 设置 CPU 集成的以太网接口的 IP 地址

子网掩码的值通常为 255.255.255.0,CPU 与编程设备的 IP 地址中的子网掩码应完全相同。同一个子网中各设备的子网内的地址不能重叠。如果在同一个网络中有多个 CPU,除了一台 CPU 可以保留出厂时默认的 IP 地址,必须将其他 CPU 默认的 IP 地址更改为网络中唯一的 IP 地址,以避免与其他网络用户冲突。

2)计算机网卡的 IP 设置 ①如果是 Windows 7 操作系统,用以太网电缆连接计算机和 CPU,并接通 PLC 电源。打开"控制面板",单击"查看网络状态和任务"→"本地连接"(或用鼠标右击桌面上的"网络"图标,选择"属性"),打开"本地连接状态"对话框,单击"属性"按钮,在"本地连接属性"对话框中选中"此连接使用下列项目"列表框中的"Internet 协议版本 4",单击"属性"按钮,打开"Internet 协议版本 4(TCP/IPv4)属性"对话框。选中"使用下面的 IP 地址",输入 PLC 以太网端口默认的子网地址 192.168.0.×,IP 地址的第 4 个字节是子网内设备的地址,可以取 0~255 的某个值,但是不能与网络中其他设备的 IP 地址重叠。单击"子网掩码"输入框,自动出现默认的子网掩码 255.255.255.0(图 5-26)。一般不用设置网关的 IP 地址。设置结束后,单击各级对话框中的"确定"按钮,最后关闭"网络连接"对话框。

图5-26　设置计算机网卡的IP地址

②如果是 Windows XP 操作系统,打开计算机的控制面板,用鼠标双击其中的"网络连接"图标。在"网络连接"对话框中,用鼠标右键单击通信所有的网卡对应的连接图标,如"本地连接"图标,执行出现的快捷菜单中的"属性"命令,打开"本地连接属性"对话框。选中"此连接使用下列项目"列表框最下面的"Internet 协议(TCP/IP)",单击"属性"按钮,打开"Internet 协议(TCP/IP)属性"对话框,设置计算机网卡的 IP 地址和子网掩码。

项目下载

3)项目下载　做好上述准备后,选中项目树中的设备名称"PLC_1",单击工具栏上的下载按钮,(或执行菜单命令"在线"→"下载到设备")打开"扩展的下载到设备"对话框,如图5-27所示。将"PG/PC 接口的类型"选择为"PN/IE",如果计算机上有不止一块以太网卡(如笔记本电脑一般有一块有线网卡和一块无线网卡),在"PG/PC 接口"下拉式列表选择实际使用的网卡。

选中复选框"显示所有兼容的设备",单击"开始搜索"按钮,经过一段时间后,在下面的"目标子网中的兼容设备"列表中,出现网络上的 S7-1200 CPU 和它的以太网地址,计算机与 PLC 之间的连线由断开变为接通。CPU 所在方框的背景色变为实心的橙色,表示 CPU 进入在线状态,此时"下载"按钮变为亮色,即有效状态。

如果网络上有多个 CPU,为了确认设备列表中的 CPU 对应的硬件,选中列表中的某个 CPU,单击左边的 CPU 下面的"闪烁 LED"复选框,对应的硬件 CPU 上的三个运行状态指示灯闪烁,再次单击"闪烁 LED"复选框,三个运行状态指示灯停止闪烁。

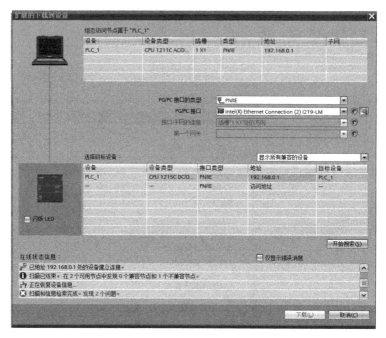

图 5-27　扩展的下载到设备界面

选中列表中的 S7-1200,单击右下角"下载"按钮,编程软件首先对项目进行编译,并进行装载前检查,如果检查有问题,此时单击"无动作"后的倒三角按钮,选择"全部停止",此时"下载"按钮会再次变为亮色,单击"下载"按钮,开始装载组态,完成组态后,单击"完成"按钮,即完成下载。如图 5-28 所示。

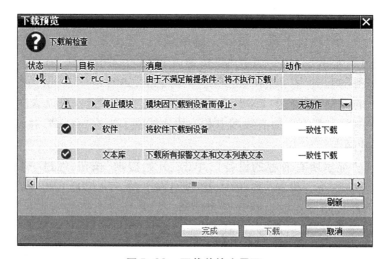

图 5-28　下载前检查界面

单击工具栏上的"启动CPU"图标 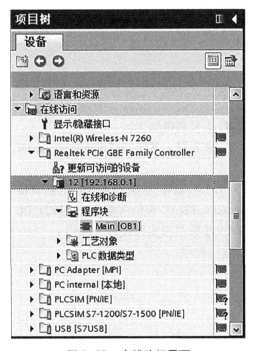，PLC切换到RUN模式，RUN/STOP LED变为绿色。

打开以太网接口上面的盖板，通信正常时，Link LED（绿色）亮，Rx/Tx LED（橙色）周期性闪动。

4）上传程序块　为了上传PLC中的程序，首先要生成一个新的项目。在项目中生成一个PLC设备，其型号和订货号与实际的硬件相同。

用以太网电缆连接好编程计算机和CPU的以太网接口后，打开文件夹"PLC_1"和"在线访问"，选中使用的网卡"Realtek PCIe GBE Family Controller"，双击"更新可访问的设备"选项，在巡视窗口"信息"栏中会出现"扫描接口Realtek PCIe GBE Family Controller上的设备已完成。在网络上找到了1个设备。"然后在此网卡下显示已连接上的PLC的IP地址，如图5-29所示。

图5-29　在线访问界面

单击已连接上的PLC的IP地址，打开其文件夹，单击打开其中"程序块"文件夹，会看到文件夹中有一主程序块"Main[OB1]"，双击打开此主程序组织块，即可将已连接上的PLC中程序上传到计算机中。S7-1200和S7-200及S7-300/400不同，它在项目下载时，其中的变量表和程序中的注释都下载到CPU中，因此在上传时可以得到CPU中的变量表和程序中的注释，它们对于程序的阅读是非常有用的。

5）上传硬件配置　上传硬件配置的操作步骤如下：

①将CPU连接到编程设备上，创建一个新的项目。

②添加一个新设备，但要选择"非特定的CPU 1200"，而不是选择具体的CPU。

③执行菜单命令"在线"→"硬件检测",打开"PLC_1 的硬件检测"对话框。选择"PG/PC 接口的类型"为"PN/IE","PG/PC 接口"为"Realtek PCle GBE Family Controller",然后单击"开始搜索"按钮,找到 CPU 后,单击选中"所选接口的兼容可访问节点"列表中的设备,单击右下角的"检测"按钮,此时在设备视图窗口便可看到已上传的 CPU 和所有模块(SM、SB 或 CM)的组态信息。如果已为 CPU 分配了 IP 地址,将会上传该 IP 地址。但不会上传其他设置(如模拟量 I/O 的属性)。必须在设备视图中手动组态 CPU 和各模块的配置。

任务引入

安装博途编程软件并创建一个新项目,按照要求进行组态,将新建的项目下载到 S7-1200 PLC 中。

任务实施

第一步,将博途编程软件安装到电脑上。

第二步,创建一个项目,将项目名称改为"diandongkongzhi"并保存到桌面"PLC 控制"文件夹中。

第三步,添加一个 CPU 1215C 版本为 DC/DC/DC 的新设备。

第四步,实际的硬件由 CPU 1215C 和信号模块 SM 1221 DC 组成,按照实际的硬件在博途编程软件中进行组态(本步骤根据实际硬件来确定)。

第五步,按照图 5-30 编写程序。

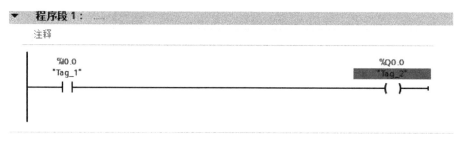

图 5-30　编程示意图

第六步,按照知识链接中的步骤将创建好的"diandongkongzhi"项目下载到 PLC 中。

知识点测评

简答题

1. 简述在安装博编程途软件时有哪些注意事项(至少列举3个以上)。
2. 简述项目视图(图5-21)在线访问对话框中各个区域的名称及作用。
3. 什么是设备组态?

任务评价

姓名			学号			
专业		班级		日期		年　月　日
类别	项目	考核内容		得分	总分	评价标准
技能	技能目标 (75分)	能够正确地安装博途编程软件				根据掌握情况打分
		能够正确地创建工程并完成组态				
		完成电脑的设置,将项目下载到PLC中				
	任务完成质量 (15分)	优秀(15分)				
		良好(10分)				
		一般(8分)				
	职业素养 (10分)	沟通能力、职业道德、团队协作能力、自我管理能力				
				教师签名:		

学习目标

进给电动机的
PLC 控制

知识目标

1.掌握触点指令和线圈输出指令的应用。
2.了解 PLC 的控制过程。

技能目标

1.掌握 S7-1200 PLC 输入/输出接线方法。
2.了解控制按钮及指示灯的接线方法。
3.掌握电动机点动控制梯形图的设计。

知识链接

1.位逻辑指令

(1) 常开触点和常闭触点

常开触点与
常闭触点

触点分为常开触点和常闭触点,常开触点在指定的位为 1 状态(ON)时闭合,为 0 状态(OFF)时断开;常闭触点在指定的位为 1 状态(ON)时断开,为 0 状态(OFF)时闭合。触点符号中间的"/"表示常闭,触点指令中变量的数据类型为位(Bool)型,在编程时触点可以并联和串联使用,但不能放在梯形图的最后,如图 6-1 所示。

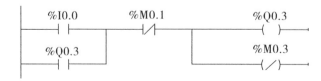

图 6-1　触点和线圈指令的应用举例

注意:在使用绝对寻址方式时,绝对地址前面的"%"符号是编程软件自动添加的,无须用户输入。

(2) NOT 取反触点

NOT 触点用来转换能流流入的逻辑状态。如果没有能流流入 NOT 触点,则有能流流出。如果有能流流入 NOT 触点,则没有能流流出。在图 6-2 中,若 I0.0 为 1,Q0.1 为 0,则有能流流入 NOT 触点,经过 NOT 触点后,则无能流流向 Q0.5;若 I0.0 为 1,Q0.1 为 1,或 I0.0 为 0,Q0.1 为 0（或为 1）,则无能流流入 NOT 触点,经过 NOT 触点后,则有能流流向 Q0.5。

NOT 取反触点

图 6-2 NOT 取反触点指令应用举例

(3) 线圈指令

线圈指令为输出指令,是将线圈的状态写入指定的地址。驱动线圈的触点电路接通时,线圈流过能流指定位对应的映像寄存器为 1,反之则为 0。如果是 Q 区地址,CPU 将输出的值传送给对应的过程映像输出,PLC 在 RUN(运行)模式时,接通或断开连接到相应输出点的负载。输出线圈指令可以放在梯形图的任意位置,变量类型为 Bool 型。输出线圈指

线圈指令

令既可以多个串联使用,也可以多个并联使用。建议初学者输出线圈单独或并联使用,并且放在每个电路的最后,即梯形图的最右侧。取反线圈中间有"/"符号,如果有能流流过,其常开触点断开,反之其常开触点闭合。

2. 控制按钮及指示灯

(1) 控制按钮

1)定义 控制按钮是发出控制指令和信号的电器,是一种手动而且一般可以自动复位的主令电器。

2)分类 ①普通控制按钮:用于通常的启动、停止等。

②旋转式控制钮:用于选择工作方式。

③钥匙式控制钮:为了安全起见,需用钥匙插入方可操作。

④紧急式控制钮:控制钮装有突出的蘑菇形钮帽,以便于紧急操作。

⑤指示灯式控制钮:在透明的按钮内装入指示灯,用作信号指示等。

3)结构和工作原理 ①控制按钮的结构由钮帽、复位弹簧、动触点、动断静触点、动合静触点和外壳等组成。如图 6-3 所示。

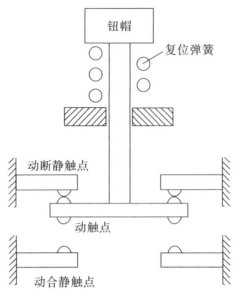

图6-3　按钮结构图

②为了表明按钮的作用,避免误操作,通常将钮帽做成不同的颜色以示区别,其颜色一般有红、绿、黄、蓝、白、黑等。一般绿色按钮启动控制,红色按钮停止控制。

4)图形及文字符号　控制按钮的图形及对应的文字符号如图6-4所示。

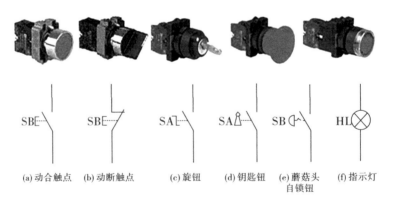

图6-4　控制按钮的图形及对应的文字符号

(2)指示灯

1)定义　指示灯又称信号灯,主要是以光亮的方式引起操作者注意或者指示操作者进行某种操作,并作为某一种状态或指令正在执行或已被执行的指示。

2)选用及分类　根据使用的场所电压大小不同,指示灯有以下几类:AC/DC 380 V、AC/DC 220 V、AC/DC 110 V、AC/DC 48 V、AC/DC 36 V、AC/DC 12 V、AC/DC 6 V。按照安装孔径不同,指示灯有 16 mm、22 mm 等规格。按照颜色不同,指示灯有黄色、绿色、红色、蓝色、白色等颜色,如图6-5所示。

图6-5 各种颜色的信号灯

任务引入

使用 S7-1200 PLC 实现镗床进给电动机的控制。机床上进给电动机主要做快速进给运动,以点动控制为主,本案例的任务主要是用 S7-1200 PLC 对电动机实现点动控制。

任务描述

按下点动控制按钮 SB,电动机通电运转;松开点动控制按钮 SB,电动机停止运转。

任务实施

1. I/O 分配

在 PLC 控制系统中,较为重要的是确定 PLC 的输入和输出元器件。对于初学者来说,经常搞不清哪些元器件应该作为 PLC 的输入,哪些元器件应该作为 PLC 的输出。其实很简单,只要记住一个原则:发出指令的元器件作为 PLC 的输入,如按钮、开关等;执行动作的元器件作为 PLC 的输出,如接触器、电磁阀、指示灯等。根据 PLC 输入、输出点分配原则及本案例控制要求,对本案例进行 I/O 地址分配,进给电动的 PLC 控制 I/O 分配如表6-1 所示。

表 6-1　进给电机 I/O 分配表

输入		输出	
输入继电器	元件	输出继电器	元件
I0.0	点动控制按钮 SB	Q0.0	交流接触器 KM 线圈

2. 硬件原理图

根据控制要求,进给电动机应为直接启动,其硬件原理图如图 6-6 所示。如不特殊说明,本书均采用 CPU 1215C(AC/DC/RLY),交流电源/直流输入继电器输出型西门子 S7-1200 PLC。

注意:对于继电器输出型 PLC 的输出端子来说,允许额定电压为 AC 5～250 V,或 DC 5～30 V,故接触器的线圈额定电压应为 220 V 及以下。

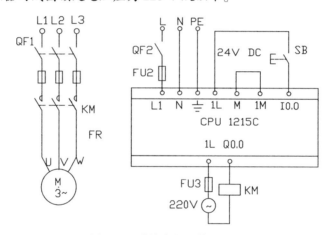

图 6-6　进给电机硬件原理图

3. 元器件选型及硬件连接

1)主电路连接　首先使用导线将三相断路器 QF1 的出线端与熔断器 FU1 的进线端对应相连接,其次使用导线将熔断器 FU1 的出线端与交流接触器 KM 主触点的进线端对应相连接,最后使用导线将交流接触器 KM 主触点的出线端与电动机 M 的电源输入端对应相连接,电动机连接成星形或三角形,取决于所选用电动机铭牌上的连接标注。

2)控制电路连接　在连接控制电路之前,必须断开 S7-1200 PLC 的电源。

首先,进行 PLC 的输入端外部连接。使用导线将 PLC 本身自带的 DC 24 V 负极性端子 M 与其相邻的接线端子 1M(PLC 输入信号的内部公共端)相连接,将 DC 24 V 正极性端子 L+ 与按钮 SB 的进线端相连接,将按钮 SB 的出线端与 PLC 输入端 I0.0 相连接。

其次,进行 PLC 的输出端外部电路连接。使用导线将交流电源 220 V 的火线端 L 经熔断器 FU3 后接至 PLC 输出点内部电路的公共端 1L,将交流电源 220 V 的零线端 N 接到交流接触器 KM 线圈的出线端,将交流接触器 KM 线圈的进线端接与 PLC 输出端 Q0.0 相连接。

注意:S7-1200 PLC 的电源端在左上方,以太网接口在左下方,输入端在上方,输出端在下方。

4.编写参考程序

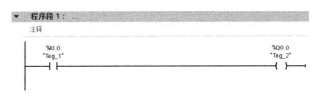

图 6-7　进给电机的梯形图

5.项目下载

参考项目五中项目下载流程进行操作。

6.调试程序

(1)电动机启动

按下按钮 SB,PLC 输出端 Q0.0 通电,使接触器线圈 KM 通电,KM 主触点闭合,电动机通电运转。

(2)电动机停止

松开按钮 SB,PLC 输出端 Q0.0 断电,使接触器线圈 KM 失电,KM 主触点分断,电动机断电停止。

7.拓展训练

①使用外部直流 24 V 电源作为 PLC 的输入信号电源实现本案例。
②用两个按钮控制一盏直流 24 V 指示灯的亮灭。
③用两个按钮分别实现两台电动的电动控制。

知识点测评

一、选择题

1.常开触点在指定的位为 1 状态(ON)时(　　),常闭触点在指定的位为 1 状态(ON)时(　　)。

A.闭合　断开　　　B.闭合　闭合　　　C.断开　断开　　　D.断开　闭合

2.常开触点在指定的位为 0 状态(OFF)时(　　),常闭触点在指定的位为 0 状态(ON)时(　　)。

A. 闭合　断开　　　　　　　　　　B. 闭合　闭合

C. 断开　断开　　　　　　　　　　D. 断开　闭合

二、判断题

1. NOT 触点用来转换能流流入的逻辑状态。如果没有能流流入 NOT 触点,则有能流流出。　　　　　　　　　　　　　　　　　　　　　　　（　　）

2. 在 S7-1200 PLC 中输出线圈只能并联使用。　　　　　　　　　　（　　）

3. 在编程时触点可以并联和串联使用,但不能放在梯形图的最后。　（　　）

4. 旋转式控制钮主要用于选择工作方式。　　　　　　　　　　　　（　　）

5. 紧急式控制钮装有突出的蘑菇形钮帽,以便于紧急操作。　　　　（　　）

6. 输出线圈指令可以放在梯形图的任意位置,变量类型为 Bool 型。（　　）

任务评价　　　▶▶

姓名				学号			
专业			班级		日期		年　月　日
类别	项目		考核内容		得分	总分	评价标准
技能	技能目标 (75分)		根据硬件接线图,完成电路的连接				根据掌握情况打分
			在博途编程软件上创建工程,编写点动控制电路的程序				
			将程序下载到 PLC 中并完成调试				
	任务完成质量 (15分)		优秀(15分)				
			良好(10分)				
			一般(8分)				
	职业素养 (10分)		沟通能力、职业道德、团队协作能力、自我管理能力				
					教师签名:		

任务七　电动机自锁的 PLC 控制

学习目标

知识目标

1. 掌握自锁的编程方法。
2. 掌握置位/复位指令的应用。

电动机自锁的
PLC 控制

技能目标

1. 熟练 S7-1200 PLC 自锁控制输入/输出接线方法。
2. 掌握 PLC 自锁控制硬件电路图设计。
3. 掌握热继电器在 PLC 控制中的应用。

知识链接

1. 置位/复位指令

S(set,置位或置 1)指令将指定的地址位置位(变为 1 状态并保持,一直保持到它被另一个指令复位为止)。

置位与复位
指令

R(reset,复位或置 0)指令将指定的地址位复位(变为 0 状态并保持,一直保持到它被另一个指令置位为止)。

置位和复位指令最主要的特点是具有记忆和保持功能。在图 7-1 中,若 I0.0=1,M0.0=0 时,Q0.0 被置位,此时即使 I0.0 和 M0.0 不再满足上述关系,Q0.0 仍然保持为 1,直到 Q0.0 对应的复位条件满足,即当 I0.2=1,Q0.3=0 时,Q0.0 被复位为 0。

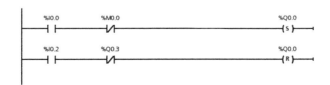

图 7-1　置位指令复位指令应用举例

69

2. 多点置位/复位指令

SET_BF 多点置位指令,将指定的地址开始的连续若干个(n)位地址置位(变为 1 状态并保持,一直保持到它被另一个指令复位为止)。

RESET_BF 多点复位指令,将指定的地址开始的连续若干个(n)位地址复位(变为 0 状态并保持,一直保持到它被另一个指令置位为止)。

在图 7-2 中,若 I0.1=1,则从 Q0.3 开始的 4 个连续的位被置位并保持 1 状态,即 Q0.3~Q0.6 一起被置位;当 M0.2=1,则从 Q0.3 开始的 4 个连续的位被复位并保持 0 状态,即 Q0.3~Q0.6 一起被复位。若多点置位和复位指令下方的 n 值为 1 时,功能等同于置位和复位指令。

图 7-2　多点置位/复位指令应用举例

3. 触发器置位/复位指令

触发器指令

触发器的置位/复位指令如图 7-3 所示。可以看出触发器有置位输入和复位输入两个输入端,分别用于根据输入端的逻辑运算结果,对存储器位进行置位和复位。如表 7-1 所示,触发器的置位/复位指令分为置位优先和复位优先两种,RS 为置位优先触发器,SR 为复位优先触发器。

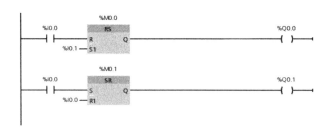

图 7-3　触发器的置位/复位指令应用举例

表 7-1 触发器状态图

RS 触发器			SR 触发器		
S1	R	Q	S	R1	Q
0	0	保持前一状态	0	0	保持前一状态
0	1	0	0	1	0
1	0	1	1	0	1
1	1	1	1	1	0

任务引入

一些生产设备的电动机需要长时间工作,并且当电动机发生过载故障时,电动机能够自动停止工作。本任务使用 PLC 实现电动机的自锁控制和过载保护。

任务描述

按下启动按钮 SB1,接触器线圈通电自锁,电动机运转,松开按钮 SB1 电动机持续运转。

按下停止按钮 SB2 或者电动机发生过载故障时,接触器线圈断电解除自锁,电动机停止工作。

任务实施

1. I/O 分配

根据 PLC 输入/输出点分配原则及本案例控制要求,对本案例进行 I/O 地址分配,如表 7-2 所示。

表 7-2 电动机自锁控制 I/O 分配表

输入		输出	
输入继电器	元件	输出继电器	元件
I0.0	启动按钮 SB1	Q0.0	交流接触器 KM 线圈
I0.1	停止按钮 SB2		
I0.2	过载保护 FR		

2. 硬件原理图

1）主电路连接　首先使用导线将三相断路器 QF1 的出线端与熔断器 FU1 的进线端对应相连接,其次使用导线将熔断器 FU1 的出线端与交流接触器 KM 主触点的进线端对应相连接,最后使用导线将交流接触器 KM 主触点的出线端与电动机 M 的电源输入端对应相连接,电动机连接成星形或三角形,取决于所选用电动机铭牌上的连接标注。

2）控制电路连接　在连接控制电路之前,必须断开 S7-1200 PLC 的电源。

首先,进行 PLC 的输入端外部连接。使用导线将外接直流电源 DC 24 V 负极性端子与 PLC 接线端子 1M(PLC 输入信号的内部公共端)相连接,将直流电源 DC 24 V 正极性端子与按钮 SB1 常开触点、SB2 常闭触点、FR 热继电器常闭触点的进线端相连接,将按钮 SB1 常开触点、SB2 常闭触点、FR 热继电器常闭触点的出线端分别与 PLC 输入端 I0.0、I0.1、I0.2 相连接。

其次,进行 PLC 的输出端外部电路连接。使用导线将交流电源 220 V 的火线端 L 经熔断器 FU3 后接至 PLC 输出点内部电路的公共端 1L,将交流电源 220 V 的零线端 N 接到交流接触器 KM 线圈的出线端,将交流接触器 KM 线圈的进线端接与 PLC 输出端 Q0.0 相连接。

根据控制要求及 I/O 分配表,绘制硬件原理图如图 7-4 所示。

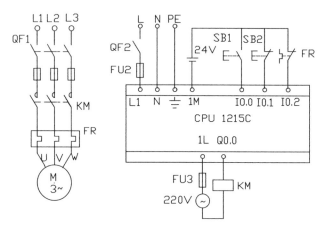

图 7-4　电动机自锁控制硬件原理图

3. 元器件选型及硬件连接

根据任务要求选择合适的元器件填入表 7-3,并按照硬件原理图完成接线。

表7-3　元器件选型清单

序号	名称	型号规格	数量	单位	价格

4. 编写参考程序

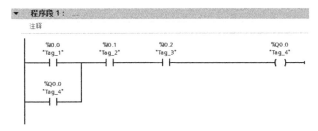

图7-5　电动机自锁控制的梯形图

5. 调试程序

（1）电动机启动控制

当按下启动按钮 SB2 时,PLC 输出继电器 Q0.1 通电自锁,使接触器线圈 KM 通电,KM 主触点闭合,电动机通电运转。

（2）电动机停止控制

当按下停止按钮 SB1 时,PLC 输出继电器 Q0.1 断电解除自锁,使接触器线圈 KM 失电,KM 主触点分断,电动机断电停止。

（3）过载保护控制

断开热继电器动断触点的连接线,模拟发生过载故障,则 PLC 输出继电器 Q0.1 断电解除自锁,使接触器线圈 KM 失电,KM 主触点分断,电动机断电停止。

6. 拓展训练

①使用 24 V 指示灯代替接触器线圈实现本案例,画出硬件接线图、I/O 分配表、元件选型表并编写梯形图。

②使用置位/复位指令完成本案例。

③如果将停止按钮和热继电器触点更换成常开触点,该如何编写 PLC 程序?

知识点测评

一、选择题

1.（　　）指令将指定的地址位置位变为 1 状态并保持,一直保持到它被另一个指令复位为止。

A. 置位指令　　　　　B. 复位指令　　　　　C. 线圈指令　　　　　D. 取反指令

2.（　　）指令将指定的地址位置位变为 0 状态并保持,一直保持到它被另一个指令置位为止。

A. 置位指令　　　　　B. 复位指令　　　　　C. 线圈指令　　　　　D. 取反指令

3.（　　）指令,将指定的地址开始的连续若干个位地址置位变为 1 状态并保持。

A. 置位指令　　　　　B. 复位指令　　　　　C. 多点置位指令　　　D. 多点复位指令

4.（　　）指令,将指定的地址开始的连续若干个位地址置位变为 0 状态并保持。

A. 置位指令　　　　　B. 复位指令　　　　　C. 多点置位指令　　　D. 多点复位指令

二、判断题

1. 置位和复位指令最主要的特点是具有记忆和保持功能。　　　　　　　　（　　）

2. RS 触发器指令,当 S1 端为 0,R 端也为 0 时,Q 输出端状态为 1。　　（　　）

3. RS 触发器指令,当 S1 端为 1,R 端为 0 时,Q 输出端状态为 1。　　　（　　）

4. SR 触发器指令,当 S 端为 1,R1 端也为 1 时,Q 输出端状态为 0。　　（　　）

5. SR 触发器指令,当 S 端为 0,R1 端为 1 时,Q 输出端状态为 0。　　　（　　）

6. RS 触发器指令,当 S1 端为 0,R 端也为 0 时,Q 输出端状态为 0。　　（　　）

任务评价

姓名				学号			
专业			班级		日期		年　月　日
类别	项目		考核内容		得分	总分	评价标准
技能	技能目标 (75 分)		根据硬件接线图,完成电路的连接				根据掌握情况打分
			在博途编程软件上创建工程,编写自锁 控制电路的程序				
			将程序下载到 PLC 中并完成调试				
	任务完成 质量 (15 分)		优秀(15 分)				
			良好(10 分)				
			一般(8 分)				
	职业素养 (10 分)		沟通能力、职业道德、团队协作能力、 自我管理能力				
						教师签名:	

学习目标

知识目标

1. 掌握触点指令和线圈输出指令的应用。
2. 掌握位存储器 M 的应用。
3. 掌握边沿检测触点指令的应用。

电动机点动与
自锁混合的
PLC 控制

技能目标

1. 熟练 S7-1200 PLC 实现电动机点动与自锁混合控制输入/输出接线方法。
2. 掌握电动机点动与自锁混合控制梯形图及硬件原理图的设计。

知识链接

1. 位存储器

位存储器又称标志存储器或辅助继电器,它类似于继电器控制线路中的中间继电器,与输入/输出继电器不同。辅助继电器不能接收输入端子送来的信号,也不能驱动输出端子。位存储器用"M"来表示。

西门子 1200 PLC,其 CPU 型号为 1211C 与 1212C 的位存储器是 4096 个字节;其 CPU 型号为 1214 及以上的 PLC,它的位存储器(M)的大小是 8192 个字节,也就是 8 kB (1 kB=1024 个字节)。那么,我们在定义位存储器(M)变量的时候,如果采用按字节的寻址方式,其寻址的空间只能是 MB0~MB8191。

2. 边沿检测触点指令

边沿检测触点指令包括 P 触点指令和 N 触点指令。边沿检测触点指令可以放置在程序段中除了分支结尾外的任何位置。

边沿检测触点
指令的应用

P 触点是上升沿触发指令,当触点地址位的值从"0"到"1"变化时,该触点地址保持一个扫描周期的高电平。

N 触点是下降沿触发指令,当触点地址位的值从"0"到"1"变化时,该触点地址保持一个扫描周期的高电平。

如图 8-1 所示,当 I0.0 为 1,且当 I0.1 有从 0 到 1 的上升沿时,Q0.6 接通一个扫描周期。当 I0.2 有从 1 到 0 的下降沿时,Q1.0 接通一个扫描周期。

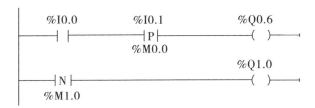

图 8-1　边沿检测触点指令应用举例

3. 电磁式继电器

电磁式继电器是以电磁力为驱动力的继电器,是自动控制电路中用得最多的一种继电器。当其他继电器触点数量或容量不够时,可借助中间继电器扩充触点数目或增大触点容量,起中间转换作用。继电器一般由感测机构、中间机构和执行机构三个基本部分组成。

电压继电器是根据线圈两端电压大小而接通或断开的继电器,使用时并联在电路中。特点是线圈匝数多、线径细、线圈阻抗大。常用的电压有 AC/DC 12 V、AC/DC 24 V、AC/DC 220 V。电路符号如图 8-2 所示。

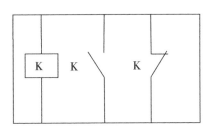

图 8-2　电磁式继电器电路符号

任务引入

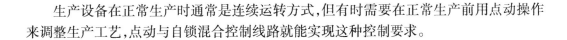

生产设备在正常生产时通常是连续运转方式,但有时需要在正常生产前用点动操作来调整生产工艺,点动与自锁混合控制线路就能实现这种控制要求。

任务描述

按下点动控制按钮 SB1，接触器线圈得电，接通电动机运转；松开点动控制按钮 SB1，电动机停止运转。

按下启动按钮 SB2，接触器线圈通电自锁，电动机运转，松开按钮 SB2 电动机持续运转。

按下停止按钮 SB3 或者电动机发生过载故障时，接触器线圈断电解除自锁，电动机停止工作。

任务实施

1. I/O 分配

根据 PLC 输入/输出点分配原则及本案例控制要求，对本案例进行 I/O 地址分配，如表 8-1 所示。

表 8-1　电动机点动与自锁混合控制 I/O 分配表

输入		输出	
输入继电器	元件	输出继电器	元件
I0.0	点动按钮 SB1	Q0.0	交流接触器 KM 线圈
I0.1	启动按钮 SB2		
I0.2	停止按钮 SB3		
I0.3	过载保护 FR		

2. 硬件原理图

根据控制要求及 I/O 分配表，绘制控制电路硬件原理图，如图 8-3 所示。

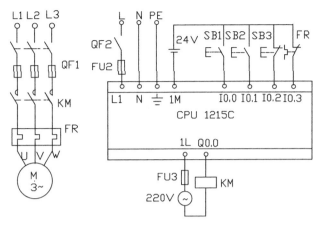

图 8-3　电动机点动与自锁混合控制电路硬件原理图

3. 元器件选型及硬件连接

根据任务要求选择合适的元器件填入表 8-2,并按照硬件原理图完成接线。

表 8-2　元器件选型清单

序号	名称	型号规格	数量	单位	价格

4. 编写参考程序

根据要求,使用起保停方法编写程序如图 8-4 所示。在此编程过程中,主要运用工具栏中向上打开分支按钮 ↦ 和关闭分支按钮 ↤ 。

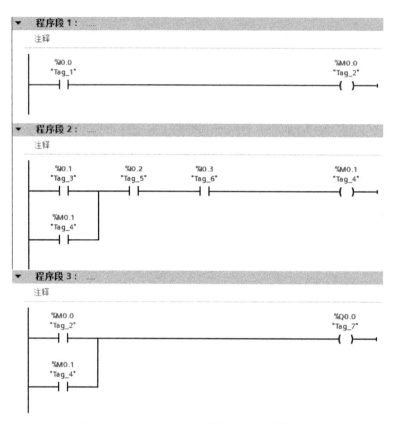

图 8-4　电动机点动与自锁混合控制的梯形图

5. 调试程序

（1）电动机点动控制

当按下点动按钮 SB1 时，PLC 输出继电器 Q0.0 得电，使接触器线圈 KM 得电，电动机得电运转；当松开点动按钮 S1 时，PLC 输出继电器 Q0.0 失电，使接触器线圈 KM 失电，电动机断电停止。

（2）电动机启动控制

当按下启动按钮 SB2 时，PLC 输出继电器 Q0.0 得电，使接触器线圈 KM 得电，KM 主触点闭合，电动机得电运转。

（3）电动机停止控制

当按下停止按钮 SB3 时，PLC 输出继电器 Q0.0 失电，使接触器线圈 KM 失电，KM 主触点分断，电动机断电停止。

（4）电动机过载保护控制

当 FR 过载保护动作后，PLC 输出继电器 Q0.0 失电，使接触器线圈 KM 失电，KM 主触点分断，电动机断电停止。

6.拓展训练

①现在施工现场只有 DC/DC/DC 版本的 S7-1200 的 PLC 和 AC 220 V 线圈的交流接触器,有 24 V 中间继电器若干,其他器件齐全,要求用现有 PLC 实现电动机点动与自锁混合控制,画出硬件接线图、I/O 分配表、并编写梯形图。

②使用边沿触发指令实现单按钮控制两台电动机顺序启动,按下启动按钮,电动机 M1 运转,松开启动按钮,电动机 M2 运转。按下停止按钮全部停止。

③使用置位/复位指令完成本案例。

知识点测评

一、选择题

1. 位存储器用( )来表示。

A. I   B. Q   C. N   D. M

2. CPU 为 1215C 有( )个字节的辅助继电器。

A. 1024   B. 4096   C. 9012   D. 8192

3. 当触点地址位的值从"0"到"1"变化时,该触点地址保持一个扫描周期的高电平。这是( )。

    A. 上升沿触发指令 　　　　　　　　B. 下降沿触发指令

    C. 常开触点指令 　　　　　　　　　　D. 常闭触点指令

4. 当触点地址位的值从"1"到"0"变化时,该触点地址保持一个扫描周期的高电平。这是( )。

    A. 上升沿触发指令 　　　　　　　　B. 下降沿触发指令

    C. 常开触点指令 　　　　　　　　　　D. 常闭触点指令

二、判断题

1. 辅助继电器 M 能接收输入端子送来的信号。 （　　）

2. 边沿检测触点指令可以放置在程序段中除了分支结尾外的任何位置。 （　　）

3. N 触点是下降沿触发指令,当触点地址位的值从"1"到"0"变化时,该触点地址保持一个扫描周期的高电平。 （　　）

4. 当其他继电器触点数量或容量不够时,可借助中间继电器扩充触点数目或增大触点容量。 （　　）

任务评价

姓名				学号			
专业			班级		日期		年　月　日
类别	项目		考核内容		得分	总分	评价标准
技能	技能目标 (75 分)		根据硬件接线图,完成电路的连接				根据掌握情况打分
			在博途编程软件上创建工程,编写点动与自锁混合控制电路的程序				
			将程序下载到 PLC 中并完成调试				
	任务完成质量 (15 分)		优秀(15 分)				
			良好(10 分)				
			一般(8 分)				
	职业素养 (10 分)		沟通能力、职业道德、团队协作能力、自我管理能力				
							教师签名:

任务九　主轴电动机的 PLC 控制

学习目标

知识目标

1. 掌握自锁与互锁的编程方法。
2. 掌握变量表的使用。
3. 熟练主轴电动机正反转工作原理。

主轴电动机的
PLC 控制

技能目标

1. 能熟练连接主轴电动机硬件接线图。
2. 掌握主轴电动机梯形图的设计方法。

知识链接

1. 编辑变量表

在软件较为复杂的控制系统中使用的输入/输出点较多,在阅读程序时每个输入/输出点对应的元器件不易熟记,若使用符号地址则会大大提高阅读和调试程序的便利。S7-1200 提供变量表功能,可以用变量表来定义地址或常数的符号,可以为存储器类型 I、Q、M、DB 等创建变量表。

(1) 生成和修改变量

打开项目树的文件夹"PLC 变量",双击其中的"添加新变量表",在"PLC 变量"文件夹下生成一个新变量表,名称为"变量表_1[0]",其中"0"表示目前变量表里没有变量。

双击打开新生成的变量表,在变量表的"名称"列输入变量的名称;单击"数据类型"列右侧隐藏的按钮,设置变量的数据类型(只能使用基本数据类型),在此项目中,均为"Bool"型;在"地址"列输入变量的绝对地址,"%"是自动添加的。

生成和修改变量表

83

首先用 PLC 变量表定义变量的符号地址,然后在用户程序中使用它们;也可以在变量表中修改自动生成的符号地址的名称,如图 9-1 所示。

		名称	数据类型	地址	保持	可从 ...	从 H...	在 H...	注释
1		正转按钮	Bool	%I0.0		✓	✓	✓	
2		反转按钮	Bool	%I0.1		✓	✓	✓	
3		停止按钮	Bool	%I0.2		✓	✓	✓	
4		正转KM1	Bool	%Q0.0		✓	✓	✓	
5		反转KM2	Bool	%Q0.1		✓	✓	✓	
6		<添加>				✓	✓	✓	

图 9-1　主轴电动机 PLC 控制的变量表

(2)变量表中变量的排序

单击变量表头中的"地址",该单元出现向上的三角形,各变量按地址的第一个字母(I、Q 和 M 等)升序排列(从 A 到 Z)。再单击一次该单元,各变量按地址的第一个字母降序排列。可以用同样的方法,根据变量的名称和数据类型等来排列变量。

变量表排序

(3)快速生成变量

用鼠标右键单击变量"正转 KM1",执行出现的快捷菜单中的命令"插入行",在该变量上面出现一个空白行。选中变量"正转 KM1"左边的 标签,用鼠标按住左下角的蓝色小正方形不放,向下拖动鼠标,在空白行生成新的变量,它继承了上一行的变量"正转 KM1"的数据类型和地址,其名称为上一行名称依次增1;或选中"名称",然后鼠标按住左下角的蓝色

快速生成变量

小正方形不放,向下拖动鼠标,也同样生成一个或多个新的相同数据和地址类型。如果选中最下面一行的变量向下拖动,可以快速生成多个同类型的变量。

(4)设置变量的断电保持功能

单击工具栏上的 按钮,可以用打开的对话框设置 M 区从 MB0 开始的具有断电保持功能的字节数,如图 9-2 所示。设置后有保持功能的 M 区的变量的"保持性"列的多选框中出现"√"。将项目下载到 CPU 后,M 区的保持功能起作用。

图 9-2　设置变量的断电保持功能

（5）设置程序中地址的显示方式

单击程序编辑器工具栏上的 ± 按钮，可以用下拉式菜单选择只显示绝对地址、只显示符号地址，或同时显示两种地址。

设置程序中地址的显示方式

单击工具栏上的 按钮，可以在上述 3 种地址显示方式之间切换。

（6）全局变量与局部变量

PLC 变量表中的变量可用于整个 PLC 中所有的代码块，在所有代码块中具有相同的意义和唯一的名称，可以在变量表中，为输入 I、输出 Q 和位存储器 M 的位、字节、字和双字定义全局变量。在程序中，全局变量被自动添加双引号，如"停止 SB1"。

局部变量只能在它被定义的块中使用，而且只能通过符号寻址访问，同一个变量的名称可以在不同的块中分别使用一次。可以在块的接口区定义块的输入/输出参数（Input、Output 和 Inout 参数）和临时数据（Temp），以及定义 FB（function block，函数块）的静态变量（Static）。在程序中，局部变量被自动添加#号，如"#正向启动 SB2"。

（7）使用详细窗口

打开项目树下的详细窗口，选中项目树中的"PLC 变量"，详细窗口显示出变量表中的符号。可以将详细窗口中的符号地址或代码块的接口区中定义的局部变量，拖放到程序中需要设置地址的< ??? >处。拖放到已设置的地址上时，原来的地址将会被替换。

任务引入

使用 S7-1200 PLC 实现机床主轴电动机的控制。机床主轴电动机在对机械零件加工时需要连续正向或反向运行。本案例的任务主要是用 S7-1200 PLC 对电动机实现正反向连续运行控制。

任务描述

按下正转启动按钮 SB1，接触器 KM1 线圈通电自锁，电动机正转，松开按钮 SB1 电动机持续运转。

按下反转启动按钮 SB2，接触器 KM2 线圈通电自锁，电动机反转，松开按钮 SB2 电动机持续运转。

按下停止按钮或者电动机发生过载故障时，接触器 KM1/KM2 线圈均断电，电动机停止工作。

任务实施

1. I/O 分配

根据 PLC 输入/输出点分配原则及本案例控制要求,对本案例进行 I/O 地址分配,如表 9-1 所示。

表 9-1　主轴电动机的 PLC 控制 I/O 分配表

输入		输出	
输入继电器	元件	输出继电器	元件
I0.0	正转按钮 SB1	Q0.0	正转接触器 KM1 线圈
I0.1	反转按钮 SB2	Q0.1	反转接触器 KM2 线圈
I0.2	停止按钮 SB3		

2. 硬件原理图

根据控制要求及上表的 I/O 分配表,可绘制主轴电动机的 PLC 控制硬件原理图如图 9-3 所示。因电动机正转时不能反转,反转时不能正转,除在程序中要设置互锁外,还要在 PLC 输出线路中设置电气互锁。

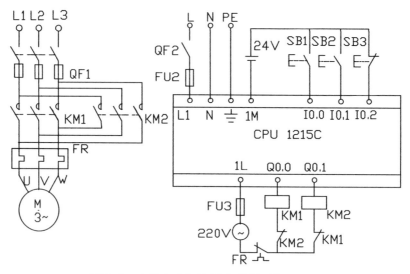

图 9-3　主轴电动机的 PLC 控制硬件原理图

3. 元器件选型及编辑变量表

根据任务要求选择合适的元器件填入表 9–2,并按照 I/O 分配表编辑变量表（图9-4）。

表 9-2　元器件选型清单

序号	名称	型号规格	数量	单位	价格

图 9-4　编辑变量表

4. 编写参考程序

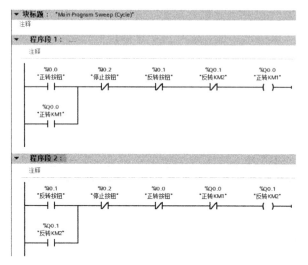

图 9-5　主轴电动机的 PLC 控制的梯形图

5. 调试程序

首先进行控制电路的调试,确定程序编写及控制线路连接正确的情况下再接通主电路,进行整个系统的联机调试。按下正向启动按钮 SB2,观察电动机是否正向启动并运行,再按下反向启动按钮 SB3,观察电动机能否反向启动并运行。同样,先反向启动电动机,再按正向启动按钮,观察电动机的运行状态是否与控制要求一致。若上述调试现象与控制要求一致,则说明本案例任务实现。

6. 拓展训练

①用置位/复位指令实现本案例,并要求将热继电器触点作为输入信号。画出硬件接线图、I/O 分配表,并编写梯形图。

②用触发器指令实现本案例。画出硬件接线图、I/O 分配表,并编写梯形图。

③用 PLC 实现电动机自动往返的控制,即正向运行时遇到末端行程开关则反向运行,方向运行时遇到首段行程开关则正向运行,如此循环,直至按下停止按钮。

知识点测评

一、简答题

1. 请简述为什么要创建编辑变量表,创建变量表的意义。
2. 简述全局变量与局部变量的区别。

二、判断题

1. 变量表中的变量排序只能按照第一个字母升序排列。 (   )
2. 变量表中的变量排序既可以根据变量的名标排列,也可以按照数据类型排列。
(   )
3. 在程序中,局部变量被自动添加"#"号,如"#正向启动 SB2"。 (   )

任务评价

姓名			学号				
专业		班级			日期	年 月 日	
类别	项目	考核内容		得分	总分	评价标准	
技能	技能目标 (75 分)	根据硬件接线图,完成电路的连接				根据掌握情况打分	
		在博途编程软件上创建工程,编写主轴电动机的 PLC 控制的程序					
		将程序下载到 PLC 中并完成调试					
	任务完成质量 (15 分)	优秀(15 分)					
		良好(10 分)					
		一般(8 分)					
	职业素养 (10 分)	沟通能力、职业道德、团队协作能力、自我管理能力					
						教师签名:	

学习目标

知识目标

1. 掌握定时器指令的应用。
2. 掌握定时器指令的分类。
3. 了解三相电动机顺序启动工作原理。

流水线顺序启动的 PLC 控制

技能目标

1. 能熟练掌握电机顺序启动硬件接线方法。
2. 顺序启动梯形图的设计方法。

知识链接

1. 定时器指令

S7-1200 PLC 提供了 4 种类型的定时器,如表 10-1 所示。

表 10-1　定时器的类型

类型	功能描述
脉冲定时器(TP)	脉冲定时器可生成具有预设宽度时间的脉冲
接通延时定时器(TON)	接通延时定时器输出 Q 在预设的延时过后设置为 ON
关断延时定时器(TOF)	关断延时定时器输出 Q 在预设的延时过后设置为 OFF
保持型接通延时定时器(TONR)	保持型接通延时定时器输出在预设的延时过后设置为 ON

添加定时器指令的方法:在梯形图中输入定时器指令时,打开右边的指令窗口,将"定时器操作"文件夹中的定时器指令拖放到梯形图中适当的位置。在出现的"调用选项"对话框中,可以修改将要生成的背景数据块的名称,或采用默认的名称,单击"确定"

按钮,自动生成数据块。有关数据块的内容将在后续章节中介绍。

(1)脉冲定时器

脉冲定时器类似于数字电路中上升沿触发的单稳态电路,其应用如图 10-1(a)所示,图 10-1(b)为其工作时序图。在图 10-1(a)中,"%DB1"表示定时器的背景数据块(此处只显示了绝对地址,因此背景数据块地址显示为"%DB1",也可设置显示符号地址),TP 表示脉冲定时器。脉冲定时器的工作原理如下。

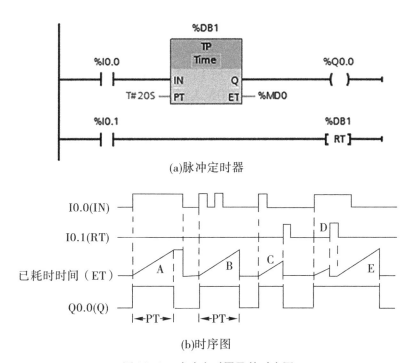

(a)脉冲定时器

(b)时序图

图 10-1　脉冲定时器及其时序图

启动:当输入端 IN 从"0"变为"1"时,定时器启动,此时输出端 Q 也置为"1",开始输出脉冲。到达 PT(preset time,预置的时间)时,输出端 Q 变为"0"状态[见图 10-1(b)波形 A、B、E]。IN 输入的脉冲宽度可以小于 Q 端输出的脉冲宽度。在脉冲输出期间,即使IN 输入发生了变化又出现上升沿(见波形 B),也不影响脉冲的输出。到达预设值后,如果 IN 输入为"1",则定时器停止定时且保持当前定时值。若 IN 输入为"0",则定时器定时时间清零。

输出:在定时器定时时间过程中,输出端 Q 为"1",定时器停止定时,不论是保持当前值还是清零当前值输出皆为 0。

复位:当图 10-1(a)中的 I0.1 为"1"时,定时器复位线圈(RT)通电,定时器被复位。如果此时正在定时,且 IN 输入为"0"状态,将使已耗时间清零,Q 输出也变为 0(见波形C)。如果此时正在定时,且 IN 输入为"1"状态,将使已耗时间清零,Q 输出保持为"1"状态(见波形 D)。如果复位信号 I0.1 变为"0"状态时,如果 IN 输入为"1"状态,将重新开始定时(见波形 E)。

图 10-1(a)中 ET(elapsed time)为已耗时间值,即定时开始后经过的时间,它的数据类型为 32 位的 Time,采用 T#标识符,单位为 ms,最大定时时间长达 T#24D _20H _ 31M _ 23S_647MS(D、H、M、S、MS 分别为日、小时、分、秒和毫秒),可以不给输出 ET 指定地址。

定时开始后,已耗时间从 0 ms 开始不断增大,达到 PT 预置的时间时,如果 IN 为"1"状态,则已耗时间值保持不变。如果 IN 为"0"状态,则已耗时间变为 0s。

定时器指令可以放在程序段的中间或结束处。IEC 定时器没有编号,在使用对定时器复位的 RT(reset time)指令时,可以用背景数据块的编号或符号名来指定需要复位的定时器。如果没有必要,不用对定时器使用 RT 指令。

(2)接通延时定时器

接通延时定时器如图 10-2(a)所示,图 10-2(b)为其工作时序图。在图 10-2(a)中,"%DB2"表示定时器的背景数据块,TON 表示接通延时定时器。接通延时定时器的工作原理如下。

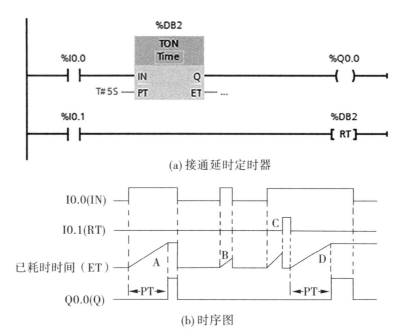

(a) 接通延时定时器

(b) 时序图

图 10-2 接通延时定时器及其时序图

启动:接通延时定时器的使能输入端 IN 的输入电路由"0"变为"1"时开始定时。定时时间大于等于预置时间 PT 指定的设定值时,定时器停止计时且保持为预设值,即已耗时时间值 ET 保持不变[见图 10-2(b)的波形 A],只要输入端 IN 为"1",定时器就一直起作用。

输出:当定时时间到,且输入 IN 为"1",此时输出 Q 变为"1"状态。

复位:IN 输入端的电路断开时,定时器被复位,已耗时间被清零,输出 Q 变为"0"状态。CPU 第一次扫描时,定时器输出 Q 被清零。如果输入 IN 在未达到 PT 设定的值时变为"0"(见波形 B),输出 Q 保持"0"状态不变。图 10-2(a)中的 I0.1 为"1"状态时,定时器复位线圈 RT 通过(见波形 C),定时器被复位,已耗时间被清零,Q 输出端变为"0"状态。I0.1 变为"0"状态,如果 IN 输入为"1"状态,将开始重新定时(见波形 D)。

(3)关断延时定时器

关断延时定时器如图 10-3(a)所示,图 10-3(b)为其工作时序图。在图 10-3(a)中,TOF 表示断开延时定时器。断开延时定时器的工作原理如下。

启动:关断延时定时器的输入 IN 由"0"变为"1"时,定时器尚未定时且当前定时值清零。当输入 IN 由"1"变为"0"时,定时器启动开始定时,已耗时间从 0 逐渐增大。当定时器时间到达预设值时,定时器停止计时并保持当前值[见图 10-3(a)波形 A]。

输出:当输入 IN 从"0"变为"1"时,输出 Q 变为"1"状态,如果输入 IN 又变为"0",则输出继续保持"1",直到到达预设的时间。如果已耗时间未达到 PT 设定的值时,输入 IN 又变为"1"状态,输出 Q 将保持"1"状态(见波形 B)。

复位:当 I0.1 为"1"时,定时器复位线圈 RT 通电。如果输入 IN 为"0"状态,则定时器被复位,已消耗时间被清零,输出 Q 变为"0"状态(见波形 C)。如果复位时输入 IN 为"1"状态,则复位信号不起使用(见波形 D)。

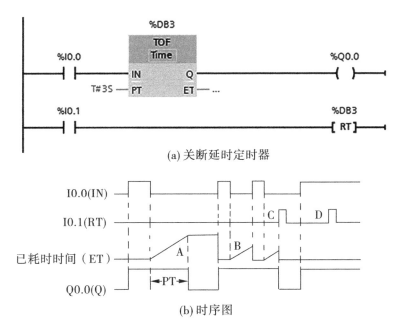

(a) 关断延时定时器

(b)时序图

图 10-3 关断延时定时器及其时序图

(4)保持型接通延时定时器

保持型接通延时定时器如图 10-4(a)所示,图 10-4(b)为其工作时序图。在图 10-4(a)中,TONR 表示保持型接通延时定时器。保持型接通延时定时器的工作原理如下。

启动:当定时器的输入 IN 从"0"到"1"时,定时器启动开始定时[见图 10-4(b)波形 A 和 B],当输入 IN 变为"0"时,定时器停止工作并保持当前计时值(累计值)。当定时器的输入 IN 又从"0"变为"1"时,定时器继续计时,当前值继续增加。如此重复,直到定时器当前值达到预设值时,定时器停止计时。

输出:当定时器计时时间到达预设值时,输出端 Q 变为"1"状态(见波形 D)。

复位:当复位输入 I0.1 为"1"时(见波形 C),TONR 被复位,它的累计时间变为 0,同时输出 Q 变为"0"状态。

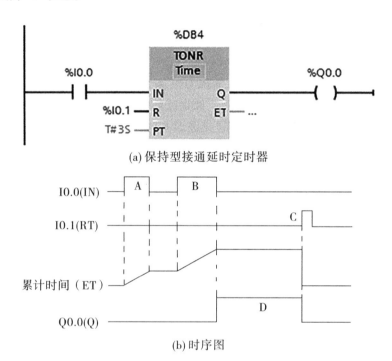

(a) 保持型接通延时定时器

(b) 时序图

图 10-4　保持型接通延时定时器及其时序图

任务引入

某生产设备有三条流水线,其生产工艺要求:第一条流水线启动后 4 s 第二条流水线启动。第二条流水线启动后 5 s 第三条流水线启动,停止的时候三条流水线同时停止。当任意一条流水线电动机发生故障时,所有流水线停止工作,同时蜂鸣器报警。

任务描述

按下启动按钮 SB1,接触器 KM1 线圈通电,电动机 M1 启动。当 M1 电机运行 4 s 后,接触器 KM2 线圈通电,电动机 M2 启动。当 M2 电机运行 5 s 后,接触器 KM3 线圈通电。

按下停止按钮 SB2,三台电动机同时停止运转。当任意一个过载保护器 FR 断开时,三台电动机同时停止运转,并接通蜂鸣器 BP。

任务实施

1. I/O 分配

根据 PLC 输入/输出点分配原则及本案例控制要求,对本案例进行 I/O 地址分配,如表 10-2 所示。

表 10-2　顺序启动控制 I/O 分配表

输入		输出	
输入继电器	元件	输出继电器	元件
I0.0	启动按钮 SB1	Q0.0	接触器 KM1 线圈
I0.1	停止按钮 SB2	Q0.1	接触器 KM2 线圈
I0.2	过载保护 FR	Q0.2	接触器 KM3 线圈
		Q0.3	蜂鸣器 BP

2. 硬件原理图

根据控制要求及表 10-2 所示的 I/O 分配表,可绘制主轴电动机的 PLC 控制硬件原理图如图 10-5 所示。

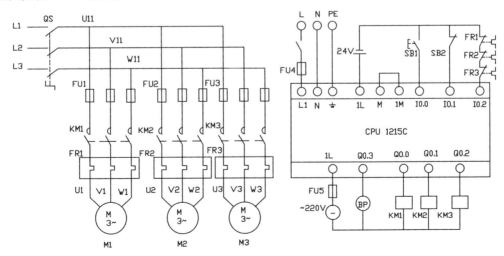

图 10-5　顺序启动控制硬件原理图

3. 元器件选型及编辑变量表

根据任务要求选择合适的元器件填入表 10-3，并按照 I/O 分配表编辑变量表（图10-6），方法见任务七。

表 10-3　元器件选型清单

序号	名称	型号规格	数量	单位	价格

变量表_2

	名称	数据类型	地址	保持	可从 H...	从 H...	在 H...	注释
1	启动按钮	Bool	%I0.0		☑	☑	☑	
2	停止按钮	Bool	%I0.1		☑	☑	☑	
3	过载保护	Bool	%I0.2		☑	☑	☑	
4	接触器KM1线圈	Bool	%Q0.0		☑	☑	☑	
5	接触器KM2线圈	Bool	%Q0.1		☑	☑	☑	
6	接触器KM3线圈	Bool	%Q0.2		☑	☑	☑	
7	蜂鸣器BP	Bool	%Q0.3		☑	☑	☑	

图 10-6　编辑变量表

4. 参考程序

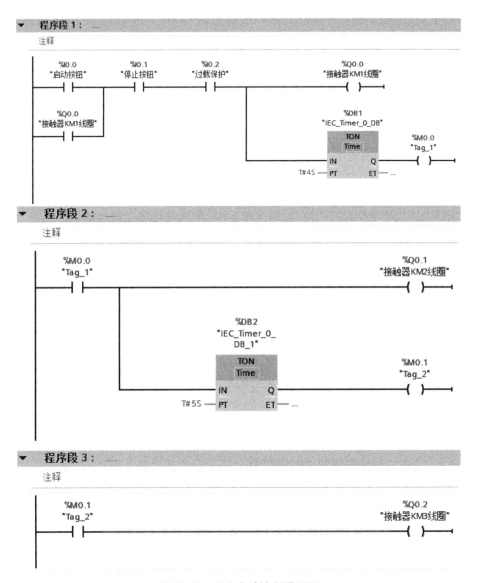

图 10-7　顺序启动控制梯形图

5. 调试程序

(1)顺序启动

当按下启动按钮 SB1 时,观察 KM1 线圈是否得电。4 s 后观察 KM2 线圈是否得电,在延时 5 s 观察 KM3 是否得电。如果 9 s 后能按照要求顺序接通三个接触器线圈,说明启动程序编写正确。

(2)停止控制

当按下停止按钮 SB2 时,三个接触器的线圈均失电,三台电机都停止工作。

(3)过载保护控制

放任意一台电动机发生故障时,三台电动机均失电停止工作,蜂鸣器报警。

6. 拓展训练

①用 PLC 实现对本案例的控制,用三盏 24 V 指示灯代替三台电动机。
②用 PLC 实现三盏 24 V 指示灯顺序启动控制,要求用断电延时定时器实现。

知识点测评

一、选择题

1. S7-1200 PLC 提供了(   )种类型的定时器。

A. 2   B. 3   C. 4   D. 5

2. (   )表示接通延时定时器。

A. TP   B. TON   C. TOF   D. TONR

3. (   )表示保持型接通延时定时器。

A. TP   B. TON   C. TOF   D. TONR

4. (   )的使能输入端 IN 的输入电路由"0"变为"1"时开始定时。定时时间大于等于预置时间 PT 指定的设定值时,定时器停止计时且保持为预设值,即已耗时时间值 ET 保持不变。

A. 接通延时定时器   B. 断开延时定时器

C. 脉冲定时器   D. 接通延时定时器

二、判断题

1. 保持型接通延时定时器当定时器的输入 IN 从"0"到"1"时,定时器启动开始定时,当输入 IN 变为"0"时,定时器停止工作并保持当前计时值。   (   )

2. 关断延时定时器的输入 IN 由"0"变为"1"时,定时器尚未定时且当前定时值清零。当输入 IN 由"1"变为"0"时,定时器启动开始定时,已耗时间从预置值逐渐减小。

(   )

3. TOF 表示断开延时定时器。　　　　　　　　　　　　　　　　　（　　）

4. 定时器的 ET 端为已耗时间值,即定时开始后经过的时间。　　　　（　　）

5. 定时器的 PT 端为预置的时间。　　　　　　　　　　　　　　　　（　　）

6. 接通延时定时器当输入端 IN 从"0"变为"1"时,定时器启动,此时输出端 Q 也置为"1",开始输出脉冲。到达预置的时间时,输出端 Q 变为"0"状态。　　（　　）

任务评价

姓名				学号				
专业			班级			日期		年　月　日
类别	项目		考核内容		得分	总分		评价标准
技能	技能目标 (75 分)		根据硬件接线图,完成电路的连接					根据掌握情况打分
			在博途编程软件上创建工程,编写 PLC 控制的电动机顺序启动的程序					
			将程序下载到 PLC 中并完成调试					
	任务完成质量 (15 分)		优秀(15 分)					
			良好(10 分)					
			一般(8 分)					
	职业素养 (10 分)		沟通能力、职业道德、团队协作能力、自我管理能力					
						教师签名:		

任务十一 主轴及润滑电动机的 PLC 控制

学习目标

知识目标

1. 掌握定时器的应用。
2. 掌握不同电压等级负载的连接方法。
3. 掌握使用程序状态功能调试程序的方法。

主轴及润滑电动机的 PLC 控制

技能目标

1. 能熟练连接主轴及润滑电动机的 PLC 接线图。
2. 掌握博途编程软件的使用。

知识链接

1. 程序状态法调试程序

对于相对复杂的程序,需要反复调试才能确定程序的正确性,方可投入使用。S7-1200 PLC 提供两种调试用户程序的方法:程序状态与监控表(watch table)。本节主要介绍程序状态法调试用户程序。当然使用博途编程软件仿真功能也可调试用户程序,但要求博途编程软件版本在 V13 及以上,且 S7-1200 PLC 的硬件版本在 V4.0 及以上方可使用仿真功能。

监控表调试程序

程序状态可以监视程序的运行,显示程序中操作数的值和网络的逻辑运算结果(result of logic operation,RLO),查找到用户程序的逻辑错误,还可以修改某些变量的值。

(1)启动程序状态监视

与 PLC 建立好在线连接后,打开需要监视的代码块,单击程序编辑器工具栏上的 按钮,启动程序状态监视。如果在线(PLC 中的)程序与离线(计算机中的)程序不一致,将会出现警告对话框。需要重新下载项目,在线、离线的项目一致后,才能启动程序状态功能。进入在线模式后,程序编辑器最上面的标题栏变为橘红色。如果在运行时测试程序出现功能错误,可能会对人员或设备造成严重损害,应确保不会出现这样的危险情况。

(2)程序状态的显示

启动程序状态后,梯形图用绿色连续线表示状态满足,即有"能流"流过,如图 11-1 中较浅的实线。用蓝色虚线表示状态不满足,没有能流流过。用灰色连续线表示状态未知或程序没有执行,黑色表示没有连接。

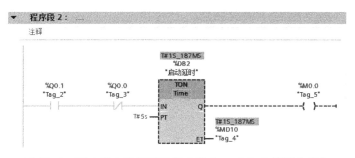

图 11-1　程序状态监视下的程序段 2——M0.0 线圈未得电

Bool 变量为"0"状态和"1"状态时,它们的常开触点和线圈分别用蓝色虚线和绿色连续线来表示,常闭触点的显示与变量状态的关系则反之。

进入程序状态之前,梯形图中的线和元件因为状态未知,全部为黑色。启动程序状态监后,梯形图左侧垂直的"电源"线和与它连接的水平线均为连续的绿线,表示有能流从"电源"线流出。有能流流过的处于闭合状态的触点、方框指令、线圈和"导线"均用连续的绿色线表示。

从图 11-2 可以看出润滑电动机已启动,正处在主轴电动机启动延时阶段,TON 的 IN 输入端有能流流入,开始定时。TON 的已耗时间值 ET 从 0 开始增大,图 11-1 中已耗时间值为 4 s 455 ms。当到达 5 s 时,定时器的输出位 M0.0 变为"1"状态,如图 11-2 所示。M0.0 的线圈通电,其常开触点接通,表示此时可以启动主轴电动机。

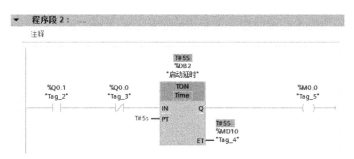

图 11-2　程序状态监视下的程序段 2——M0.0 线圈已得电

(3)在程序状态修改变量的值

用鼠标右键单击程序状态中的某个变量,执行出现的快捷菜单中的某个命令,可以修改该变量的值。对于 Bool 变量,执行命令"修改"→"修改为 1"或"修改"→"修改为 0";对于其他数据类型的变量,执行命令"修改"→"修改操作数"。也可以修改变量在程序段中显示格式(图 11-3),不能修改连接外部硬件输入电路的输入过程映像(I)的值。如果被修改的变量同时受到程序的控制(如受线圈控制的 Bool 变量),则程序控制的作用优先。

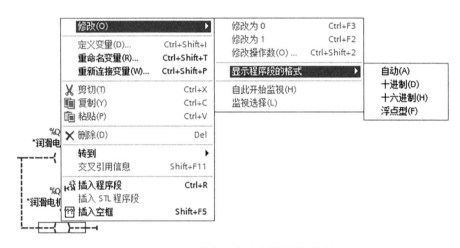

图 11-3 程序状态下修改变量值的对话框

任务引入

使用 S7-1200 PLC 实现车床主轴及润滑电动机的控制。为了保护车床主轴电动机,主轴电动机在加工零件前需要润滑油泵电动机先行启动,然后主轴电动机才能启动;主轴电动机停止以后润滑油泵电动机才能停止,即两台电动机的顺序启动和逆序停止控制,在此时间间隔均为 5 s,同时要求两台电动机有运行指示。

任务描述

启动时:按下润滑电动机启动按钮 SB3,润滑电动机接触器 KM2 线圈通电,润滑电动机开始运转。同时润滑电动机指示灯 HL2 点亮。5 s 后,按下主轴电动机启动按钮 SB1,主轴电动机接触器 KM1 线圈得电。主轴电机得电运行。同时主轴电动机指示灯 HL1 点亮(不到 5 s 按下 SB1,主轴电机不能通电,润滑电机未启动不能启动主轴电机)。

停止时:按下主轴电动机停止按钮 SB2,主轴电动机接触器 KM2 线圈失电。主轴电机停止工作。同时主轴电动机指示灯 HL1 熄灭。5 s 后,按下润滑电动机停止按钮 SB4,润滑电动机接触器 KM2 线圈失电。润滑电动机停止工作。同时润滑电动机指示灯 HL2 熄灭(不到 5 s 按下 SB4,润滑电动机不能停止工作,主轴电动机未停止不能停止润滑电动机)。

任务实施

1.I/O 分配

根据 PLC 输入/输出点分配原则及本案例控制要求,对本案例进行 I/O 地址分配,如表 11-1 所示。

表 11-1　主轴及润滑电动机控制 I/O 分配表

输入		输出	
输入继电器	元件	输出继电器	元件
I0.0	主轴电动机启动 SB1	Q0.0	主轴电动机 KM1
I0.1	主轴电动机停止 SB2	Q0.1	润滑电动机 KM2
I0.2	润滑电动机启动 SB3	Q0.2	主轴电动机指示灯 HL1
I0.3	润滑电动机停止 SB4	Q0.3	润滑电动机指示灯 HL2
I0.4	主轴电动机过载 FR1		
I0.5	润滑电动机过载 FR2		

2. 硬件原理图

根据控制要求及上表的 I/O 分配表,主轴及润滑电动机的 PLC 控制硬件原理图在此省略(两台电动机的主电路均为直接启动),后续项目无特殊说明也将主电路省略,可绘制其 PLC 控制硬件原理图如图 11-4 所示。

在实际使用中,如果指示灯与交流接触器的线圈电压等级不相同,则不能采用图 11-4 所示的输出回路接法。如果指示灯额定电压为直流 24 V,交流接触器的线圈额定电压为交流 220 V,则可采用如图 11-5 所示的输出接法。CPU 1215C 输出点共有 10 个,分两组,每组 5 个输出点。

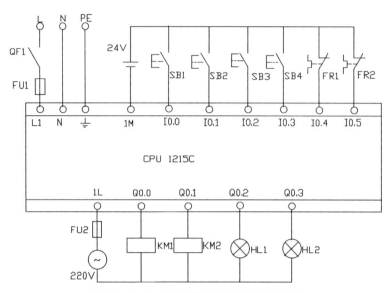

图 11-4   主轴及润滑电动机硬件原理图

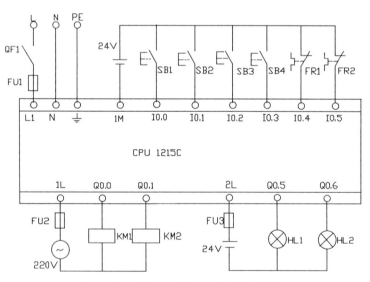

图 11-5   负载电压不一致的硬件原理图

如果 PLC 的输出点不够系统分配,而且又需要有系统各种工作状态指示,可采用图 11-6、11-7(负载额定电压不同、负载额定电压相同)所示的输出接法。

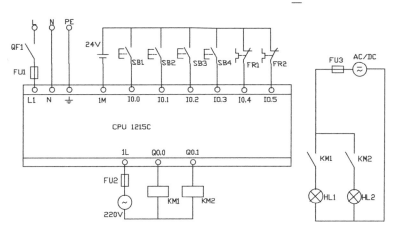

图 11-6 负载额定电压不同的输出接法

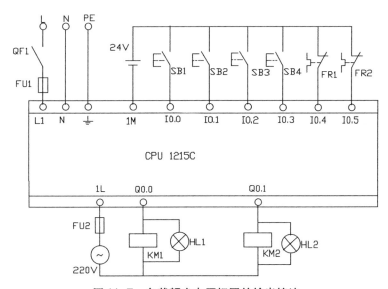

图 11-7 负载额定电压相同的输出接法

3. 编辑变量表及硬件连接

根据任务要求选择合适的元器件填入图 11-8 所示的控制变量表,并按照硬件原理图完成接线。

图 11-8　主轴及润滑电动机的 PLC 控制变量表

4. 编写参考程序

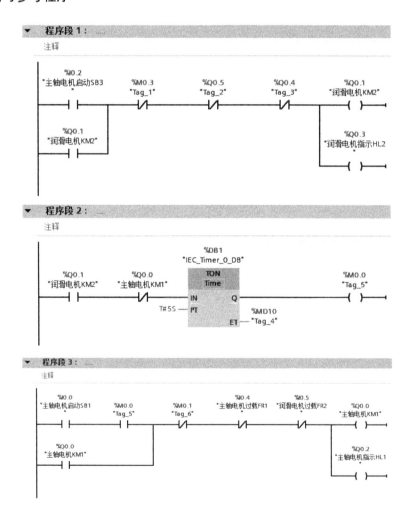

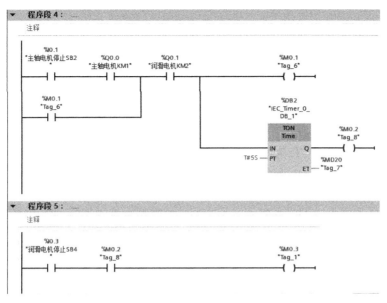

图 11-9　主轴及润滑油电动机的 PLC 控制程序

5. 调试程序

①利用程序状态法监看程序的运行状态,按照第②步进行操作。

②将调试好的用户程序下载到 CPU 中,并连接好线路。按下润滑电机启动按钮 SB3,观察润滑电机是否启动并运行,同时观察定时器 DB1 的定时时间,延时 5 s 后,再按下主轴电机启动按钮 SB1,观察主轴电机是否启动并运行;按下润滑电机停止按钮 SB4,观察润滑电机是否停止运行,同时观察定时器 DB2 的定时时间,延时 5 s 后,再按下主轴电机停止按钮 SB2,观察主轴电机是否停止运行。若上述调试现象与控制要求一致,则说明本案例任务实现。

③若运行状态不正确,可以按照程序状态法修改变量的值,观察程序的运行状态,发现程序中的问题,针对程序的逻辑进行修改,使之能够实现本案例。

6. 拓展训练

①用定时器指令设计周期为 5 s 和脉宽为 3 s 的振荡电路。

②用 PLC 实现两台小容量电动机的顺序启动和顺序停止控制,要求第一台电动机启动 3 s 后第二台电动机自行启动;第一台电动机停止 5 s 后第二台电动机自行停止。若任一台电动机过载,两台电动机均立即停止运行。

知识点测评

▶▶▶

一、选择题

1. 启动程序状态后,用( )虚线表示状态不满足,没有能流流过。用( )连续线表示状态未知或程序没有执行,( )表示没有连接。

A. 蓝色   B. 灰色   C. 绿色   D. 黑色

2. 进入程序状态之前,梯形图中的线和元件因为状态未知,全部为( )。

A. 蓝色   B. 灰色   C. 绿色   D. 黑色

3. 进入在线模式后,程序编辑器最上面标题栏变为( )。

A. 蓝色   B. 灰色   C. 橘红色   D. 绿色

二、判断题

1. S7-1200 PLC 提供两种调试用户程序的方法:程序状态与监控表。 ( )

2. 启动程序状态后,梯形图用绿色连续线表示状态不满足,即有"能流"流过。 ( )

3. 程序状态可以监视程序的运行,显示程序中操作数的值和网络的逻辑运行结果,还可以修改某些变量的值。 ( )

任务评价

姓名				学号				
专业			班级			日期		年　月　日
类别	项目		考核内容		得分	总分		评价标准
技能	技能目标 （75分）		根据硬件接线图,完成电路的连接					根据掌握情况打分
			在博途编程软件上创建工程,编写主轴及润滑电动机的 PLC 控制的程序					
			将程序下载到 PLC 中并完成调试					
			不同电压负载接线方法					
			程序状态法调试程序					
	任务完成 质量 （15分）		优秀（15分）					
			良好（10分）					
			一般（8分）					
	职业素养 （10分）		沟通能力、职业道德、团队协作能力、自我管理能力					
							教师签名：	

任务十二 生产线产量计数的 PLC 控制

学习目标

知识目标

1. 了解计数器指令的应用。
2. 掌握计数器(CTU、CTD、CTUD)指令。

生产线产量计
数的 PLC 控制

技能目标

1. 掌握生产线产量计数硬件电路的连接。
2. 掌握生产线产量计数梯形图的设计方法。

知识链接

1. 计数器指令

S7-1200 PLC 提供三种计数器:加计数器、减计数器和加减计数器。它们属于软件计数器,其最大计数速率受到它所在 OB(organization block,组织块)的执行速率的限制。如果需要速度更高的计数器,可以使用内置的高速计数器。

与定时器类似,使用 S7-1200 的计数器时,每个计数器需要使用一个存储在数据块中的结构来保存计数器数据。在程序编辑器中放置计数器即可分配该数据块,可以采用默认设置,也可以手动自行设置。

使用计数器需要设置计数器的计数数据类型,计数值的数据范围取决于所选的数据类型。如果计数值是无符号整型数,则可以减计数到零或加计数到范围限值。如果计数值是有符号整数,则可以减计数到负整数限值或加计数到正整数限值。支持的数据类型如表 12-1 所示,包括有符号短整数 SInt、有符号整数 Int、有符号双整数 DInt、无符号短整数 USInt、无符号整数 UInt、无符号双整数 UDInt。

表 12-1 支持的数据类型

有符号短整数(SInt)	8	–128 ~ 127	–111、108
有符号整数(Int)	16	–32768 ~ +32767	–1011、1088
有符号双整数(DInt)	32	–2147483648 ~ 2147483647	–11100、10080
无符号短整数(USInt)	8	0 ~ 255	10、60
无符号整数(UInt)	16	0 ~ 65535	110、990
无符号双整数(UDInt)	32	0 ~ 4294967295	100、900

(1)加计数器

加计数器

加计数器如图 12-1(a)所示,图 12-1(b)为其工作时序图。在图 12-1(a)中,CTU 表示加计数器,图中计数器数据类型是整数,预设值 PV(preset value)为 3, 其工作原理如下。

当接在 R 输入端的复位输入 I0.1 为"0"状态,接在 CU(count up)输入端的加计数脉冲从"0"到"1"时(即输入端出现上升沿),计数值 CV (count value)加 1,直到 CV 达到指定的数据类型的上限值。此后 CU 输入的状态变化不再起作用,即 CV 的值不再增加。

当计数值 CV 大于等于预置计数值 PV 时,输出 Q 变为"1"状态,反之为"0"状态。第一次执行指令时,CV 被清零。

各类计数器的复位输入 R 为"1"状态时,计数器被复位,输出 Q 变为"0"状态,CV 被清零。

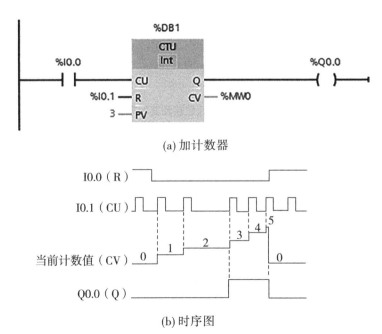

(a) 加计数器

(b) 时序图

图 12-1 加计数器及其时序图

（2）减计数器

减计数器如图 12-2(a)所示,图 12-2(b)为其工作时序图。在图 12-2(a)中,CTD 表示减计数器,图中计数器数据类型是整数,预设值 PV 为3,其工作原理如下。

减计数器

减计数器的装载输入 LD(load)为"1"状态时,输出 Q 被复位为 0,并把预设值 PV 装入 CV。在减计数器 CD(count down)的上升沿,当前计数值 CV 减 1,直到 CV 达到指定的数据类型的下限值。此后 CD 输入的状态变化不再起作用,CV 的值不再减小。

当前计数值 CV 小于等于 0 时,输出 Q 为"1"状态,反之输出 Q 为"0"状态。第一次执行指令时,CV 值被清零。

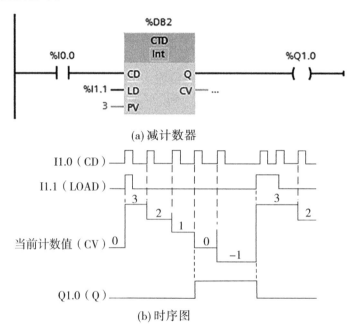

(a) 减计数器

(b) 时序图

图 12-2　减计数器及其时序图

（3）加减计数器

加减计数器如图 12-3(a)所示,图 12-3(b)为其工作时序图。在图12-3(a)中,CTUD 表示加减计数器,图中计数器数据类型是整数,预设值PV 为3,其工作原理如下。

加减计数器

在加计数输入 CU 的上升沿,加减计数器的当前值 CV 值加 1,直到CV 达到指定的数据类型的上限值。达到上限值时,CV 的值不再增加。

在减计数输入 CD 的上升沿,加减计数器的当前值 CV 值减1,直到 CV 达到指定的数据类型的下限值。达到下限值时,CV 的值不再减小。

如果同时出现计数脉冲 CU 和 CD 的上升沿,CV 值保持不变。CV 大于等于预设值PV 时,输出 QU 为"1"状态,反之为"0"状态。CV 值小于等于 0 时,输出 QD 为"1"状态,反之为"0"状态。

装载输入 LD 为"1"状态,预置值 PV 被装入当前计数值 CV,输出 QU 变为"1"状态,QD 被复位为"0"状态。

复位输入 R 为"1"状态时,计数器被复位,CU、CD、LD 不再起作用,同时当前计数值 CV 被清零,输出 QU 变为"0"状态,QD 被复位为"1"状态。

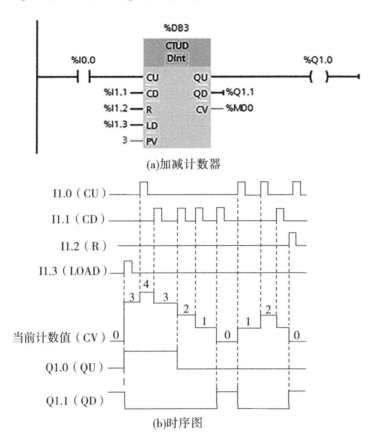

图 12-3 加减计数器及其时序图

(4) 系统和时钟存储器

本案例要求计数达到预设值时指示灯开始闪烁,秒级周期可通过定时器来实现,也可使用系统和时钟存储器来实现。在此介绍系统存储器字节和时钟存储器字节的设置,本案例也采用默认设置。设置完成后,单击其窗口中"保存窗口设置"按钮 进行设置保存。

1) 系统存储存储器字节的设置 双击项目树某个 PLC 文件夹中的"设备组态",打开该 PLC 的设备视图。选中 CPU 后,再选中巡视窗口中"属性"下的"常规"选项,打开"脉冲发生器"文件夹中的"系统和时钟存储器"选项,便可对它们进行设置。勾选右边窗口的复选框"启用系统存储器字节",采用默认的 MB1 作为系统存储器字节,如图 12-4 所示。可以修改系统存储器字节的地址。

将 MB1 设置为系统存储器字节后,该字节的 M1.0 ~ M1.3 的意义如下:

M1.0(首次循环):仅在进入 RUN 模式的首次扫描时为"1"状态,此后为"0"状态。

M1.1(诊断图形已更改):CPU 登录了诊断事件时,在一个扫描周期内为"1"状态。

M1.2(始终为1):总是为"1"状态,其常开触点总是闭合的。

M1.3(始终为0):总是为"0"状态,其常闭触点总是闭合的。

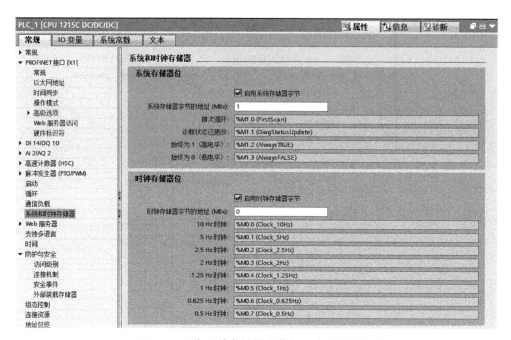

图 12-4　组态系统存储器字节与时钟存储器字节

2)时钟存储器字节的设置　勾选右边窗口的复选框"启用时钟存储器字节",采用默认的 MB0 作为时钟存储器字节,如图 12-4 所示。可以修改时钟存储器字节的地址。

时钟脉冲是一个周期内"0"状态和"1"状态所占的时间各为 50% 的方波信号,时钟存储器字节每一位对应的时钟脉冲的周期或频率见表 12-2。CPU 在扫描循环开始时初始化这些位。

表 12-2　时钟存储器字节各位对应的时钟脉冲的周期与频率

位	7	6	5	4	3	2	1	0
周期/s	2	1.6	1	0.8	0.5	0.4	0.2	0.1
频率/Hz	0.5	0.625	1	1.25	2	2	5	10

指定了系统存储器字节和时钟存储器字节后,这个字节就不能再用于其他用途(并且这个字节的 8 位只能使用触点,不能使用线圈),否则将会使用户程序运行出错,甚至造成设备损坏或人身伤害。

任务引入

某生产线产量计数的应用,产品通过传感器,传感器检测到一个产品接通一次。当产品数量到 5 个时,指示灯点亮;当产品数量达到 10 个时,指示灯以秒级周期闪烁,按下复位按钮计数清零。

任务描述

每接通传感器 S1 一次计数器加 1,当计数值等于 5 时,指示灯 HL1 点亮,当计数值大于等于 10 时,指示灯 HL1 以秒级周期闪烁。

按下复位按钮 SB,计数器清零,重新开始工作。

任务实施

1. I/O 分配

根据 PLC 输入/输出点分配原则及本案例控制要求,对本案例进行 I/O 地址分配,如表 12-3 所示。

表 12-3　生产线产量计数 I/O 分配表

输入		输出	
输入继电器	元件	输出继电器	元件
I0.0	传感器 S1	Q0.0	指示灯 HL1
I0.1	复位按钮 SB		

2. 硬件原理图

根据控制要求及表 12-3 的 I/O 分配表,可绘制主轴电动机的 PLC 控制硬件原理图如图 12-5 所示。

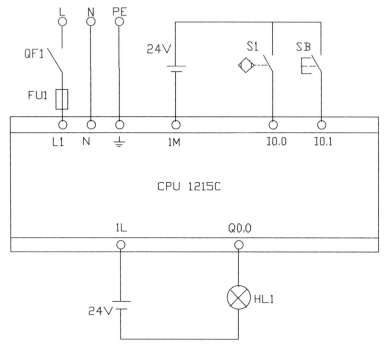

图 12-5　生产线产量计数的 PLC 控制硬件原理图

3. 编辑变量表及硬件连接

根据 I/O 分配表完成变量表(图 12-6),根据硬件原理图完成硬件的连线。

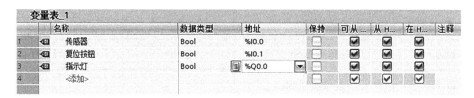

		名称	数据类型	地址	保持	可从 ...	从 H...	在 H...	注释
1		传感器	Bool	%I0.0		☑	☑	☑	
2		复位按钮	Bool	%I0.1		☑	☑	☑	
3		指示灯	Bool	%Q0.0		☑	☑	☑	
4		<添加>				☑	☑	☑	

变量表_1

图 12-6　变量表

4.编写参考程序

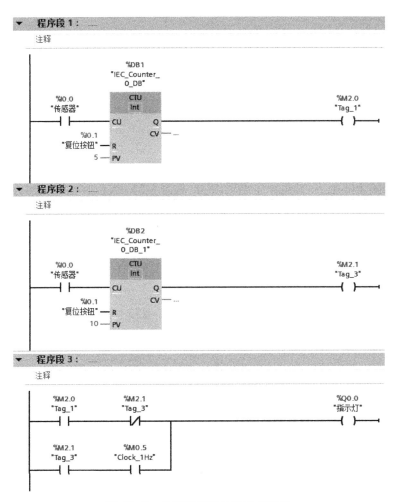

图 12-7 生产线产量计数的梯形图

5.调试程序

连续接通 5 次传感器 S1,观察指示灯 HL1 是否点亮。如果点亮程序编写正确。

连续接通 10 次传感器 S1,观察指示灯 HL1 是否闪烁。如果 HL1 能够闪烁,程序编写正确。

按下复位按钮 SB 观察计数器是否清零,程序能否从开始位置执行。

6.拓展训练

某小区有一地下车库,该车库能容纳 50 辆汽车,车库进车口安装有进车传感器 S1,出车口安装有出车传感器 S2。当车库车辆停满后进车口红色指示灯亮,当有空车位时进车口绿色指示灯亮。

知识点测评

一、选择题

1. S7-1200 PLC 提供( )种计数器。
A. 2   B. 3   C. 4   D. 5

2. ( )表示加计数器。
A. CTUD   B. CTD   C. CTU   D. CV

3. S7-1200 PLC ( )是一个周期内"0"状态和"1"状态所占的时间各为50%的方波信号。
A. 时钟信号   B. 时钟脉冲   C. 脉冲信号   D. 计数器

4. 整数 Int 的取值范围为( )。
A. -128 ~ 127   B. -32768 ~ 32767   C. 0 ~ 255   D. 0 ~ 65535

5. 无符号整数 UInt 的取值范围为( )。
A. -128 ~ 127   B. -32768 ~ 32767   C. 0 ~ 255   D. 0 ~ 65535

二、判断题

1. 使用计数器需要设置计数器的计数数据类型,计数值的数据范围取决于所选的数据类型。 ( )

2. 计数器的 PV 端是预设值端子。 ( )

3. 增计数器当计数值 CV 小于等于预设值 PV 时,输出 Q 变为"1"状态,反之为"0"状态。 ( )

4. 减计数器的装载输入 LD 为"0"状态时,输出 Q 被复位为0,并把预设值 PV 的值装入 CV。 ( )

任务评价

姓名			学号				
专业		班级			日期		年　月　日
类别	项目	考核内容		得分	总分		评价标准
技能	技能目标（75分）	根据硬件接线图,完成电路的连接					根据掌握情况打分
		在博途编程软件上创建工程,编写生产线产量计数的 PLC 控制的程序					
		将程序下载到 PLC 中并完成调试					
	任务完成质量（15分）	优秀(15 分)					
		良好(10 分)					
		一般(8 分)					
	职业素养（10分）	沟通能力、职业道德、团队协作能力、自我管理能力					
					教师签名:		

学习目标

知识目标

1. 掌握移动指令的应用。
2. 掌握比较指令的应用。
3. 了解基本数据的类型。

跑马灯的 PLC
控制

技能目标

1. 掌握跑马灯的 PLC 控制硬件电路的连接。
2. 掌握跑马灯 PLC 控制梯形图的设计。

知识链接

1. 基本数据类型

基本数据类型见表 13-1。

表 13-1　基本数据类型

数据类型	位数	取值范围	举例
位（Bool）	1	1/0	1、0 或 TRUE、FALSE
字节（Byte）	8	16#00 ~ 16#FF	16#08/16#27
字（Word）	16	16#0000 ~ 16#FFFF	16#100、16#F0F2
双字（DWord）	32	16#00000000 ~ 16#FFFFFFFF	16#12345678
有符号短整数（SInt）	8	−128 ~ 127	−111、108
有符号整数（Int）	16	−32768 ~ 32767	−1011、1088
有符号双整数（DInt）	32	−2147483648 ~ 2147483647	−11100、10080

续表 13-1

数据类型	位数	取值范围	举例
无符号短整数(USInt)	8	0~255	10、90
无符号整数(UInt)	16	0~65535	110、990
无符号双整数(UDInt)	32	0~4294967295	100、900
浮点数(Real)	32	$\pm1.1755494e^{-38} \sim \pm3.402823e^{38}$	12.345
双精度浮点数(LReal)	64	$\pm2.2250738585072020e^{-308} \sim$ $\pm1.7976931348623157e^{308}$	123.45
时间(Time)	32	T#-24D_20H_31M_23S_648MS~ T#24D_20H_31M_23S_647MS	T#1D_2H_3M_4S_5MS

(1)位

位是存储器的最小单位,1 位可以存储 1 个二进制数据,数据格式为布尔文本,对应二进制数中的"1"和"0"。位格式为:存储器标识符[字节地址].[位地址]。例如 I3.4 表示输入继电器第 3 个字节的第 4 位。

(2)字节

字节是存储器的基本单位,每个字节由 8 个位组成,16#表示十六进制数,取值范围为 16#00~16#FF。例如 IB0 由元件 I0.0~I0.7 构成。字节格式为:IB[字节地址]。

(3)字

每个字由 2 个字节组成,编号低的为高字节,编号高的为低字节。取值范围为 16#0000~16#FFFF。字格式为:IW[起始字节地址]。例如字 IW0 中 IB0 是高字节,IB1 是低字节。

(4)双字

双字由 2 个字组成,即 4 个字节组成。编号低的为高字节,编号高的为低字节。取值范围为 16#00000000~16#FFFFFFFF。字格式为:ID[起始字节地址]。例如字 ID0 中 IB0 是最高字节,IB1 是高字节,IB2 是低字节,IB3 是最低字节。

位、字节、字、双字寻址示意图如图 13-1 所示。

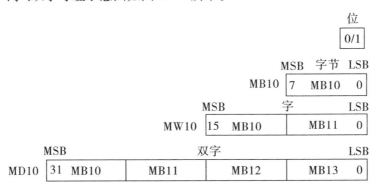

图 13-1　位、字节、字、双字寻址示意图

（5）整数

整数（Int）数据类型长度为 8、16、32 位，又分带符号整数和无符号整数。带符号十进制数，最高位为符号位，最高位是 0 表示正数，最高位是 1 表示负数。整数用补码表示，正数的补码就是它的本身，将一个正数对应的二进制数的各位数求反码后加 1，可以得到绝对值与它相同的负数的补码。

（6）浮点数

浮点数（Real）又分为 32 位和 64 位浮点数。浮点数的优点是用很少的存储空间可以表示非常大和非常小的数。PLC 输入和输出的数据大多数为整数，用浮点数来处理这些数据需要进行整数和浮点数之间的相互转换，需要注意的是，浮点数的运算速度比整数慢得多。

（7）时间

时间数据类型长度为 32 位，其格式为 T#××D（天）××H（小时）××M（分钟）××S（秒）××MS（毫秒）。Time 数据类型以表示毫秒时间的有符号双整数形成存储。

2. MOVE 指令

MOVE（移动值）指令是用于将 IN 输入端的源数据传送（复制）给 OUT1 输出的目的地址，并且转换为 OUT1 指定的数据类型，源数据保持不变。IN 和 OUT1 可以是 Bool 之外的所有基本数据类型和 DTL、Struct、Array 等数据类型，IN 还可以是常数。

同一条指令的输入参数和输出参数的数据类型可以不相同，如 MB0 中的数据传送到 MW10。如果将 MW4 中超过 255 的数据传送到 MB6，则只将 MW4 的低字节（MB5）中的数据传送到 MB6，应避免出现这种情况。

如果想把一个数据同时传给多个不同的存储单元，可单击 MOVE 指令方框中的 图标进行添加输出端，如图 13-2 所示最右侧 MOVE 指令，若添加多了，可通过选中输出端 OUT，然后按计算机上的 Delete 键进行删除。

在图 13-2 中，将 16 进制数 1234（十进制为 4660），传送给 MW0；若将超过 255 的 1 个字中的数据（MW0 中的数据 4660）传送给 1 个字节（MB2），此时只将低字节（MB1）中的数据（16#34）传送给目标存储单元（MB2）；将同一个数据（4660）通过使用增加 MOVE 指令的输出端（OUT2）使其传送给 MW4 和 MW6 这两个不同存储单元。在 3 个 MOVE 指令执行无误时，能流流入 Q0.0。

图 13-2　MOWE 指令应用

122

比较指令举例

3.比较指令

比较指令用来比较数据类型相同的两个数 IN1 和 IN2 的大小,相比较的两个数 IN1 和 IN2 分别在触点的上面和下面,它们的数据类型必须相同。操作数可以是 I、Q、M、L、D 存储区中的变量或常数。比较两个字符串时,实际上比较的是它们各对应字符的 ASCII 码的大小,第一个不相同的字符决定了比较的结果。

比较指令可视为一个等效的触点,比较符号可以是"==(等于)""<>(不等于)"">(大于)"">=(大于等于)""<(小于)"和"<=(小于等于)",比较的数据类型有多种,比较指令的运算符号及数据类型在指令的下拉式列表中可见,如图 13-3 所示。当满足比较关系式给出的条件时,等效触点接通。

生成比较指令后,用鼠标双击触点中间比较符号下面的问号,单击出现的▼按钮,用下拉式列表设置要比较的数的数据类型。如果想修改比较指令的比较符号,只要用鼠标双击比较符号,然后单击出现的▼按钮,可以用下拉式列表修改比较符号。

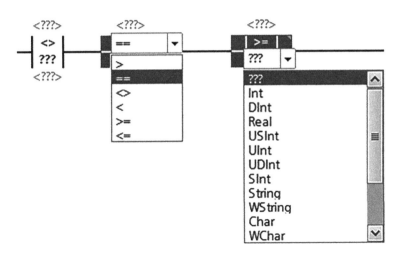

图 13-3　比较指令的运算符号及数据类型

任务引入

使用 S7-1200 PLC 实现一个 8 盏灯的跑马灯控制,要求按下起动按钮 SB1 后,第 1 盏灯亮,1 s 后第 2 盏灯亮,再过 1 s 后第 3 盏灯亮,直到第 8 盏灯亮;再过 1 s 后,第 1 盏灯再次亮起,如此循环。无论何时按下停止按钮 SB2,8 盏灯全部熄灭。

任务实施

1. I/O 分配

根据 PLC 输入/输出点分配原则及本案例控制要求,对本案例进行 I/O 地址分配,如表 13-1 所示。

表 13-1　跑马灯 PLC 控制 I/O 分配表

输入		输出	
输入继电器	元件	输出继电器	元件
I0.0	启动按钮 SB1	Q0.0 ~ Q0.7	指示灯 HL1 ~ HL8
I0.1	停止按钮 SB2		

2. 硬件原理图

根据控制要求及表 13-1 的 I/O 分配表,可绘制主轴电动机的 PLC 控制硬件原理图如图 13-4 所示。

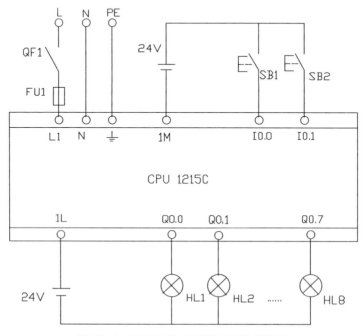

图 13-4　跑马灯 PLC 控制的硬件原理图

3. 编辑变量表及硬件连接

根据 I/O 分配表完成变量表(图 13-5),根据硬件原理图完成硬件的连接。

		名称	数据类型	地址	保持	在 H...	可从 ...	...
1		起动按钮SB1	Bool	%I0.0	☐	☑	☑	
2		停止按钮SB2	Bool	%I0.1	☐	☑	☑	
3		灯HL1	Bool	%Q0.0	☐	☑	☑	
4		灯HL2	Bool	%Q0.1	☐	☑	☑	
5		灯HL3	Bool	%Q0.2	☐	☑	☑	
6		灯HL4	Bool	%Q0.3	☐	☑	☑	
7		灯HL5	Bool	%Q0.4	☐	☑	☑	
8		灯HL6	Bool	%Q0.5	☐	☑	☑	
9		灯HL7	Bool	%Q0.6	☐	☑	☑	
10		灯HL8	Bool	%Q0.7	☐	☑	☑	

跑马灯的PLC控制变量表

图 13-5　跑马灯的 PLC 控制变量表

4. 编写参考程序

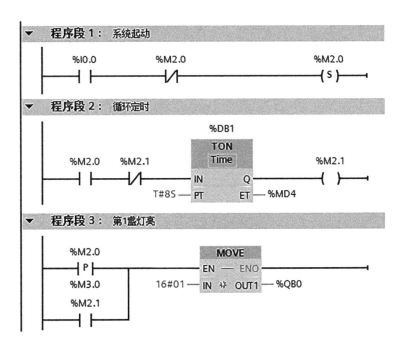

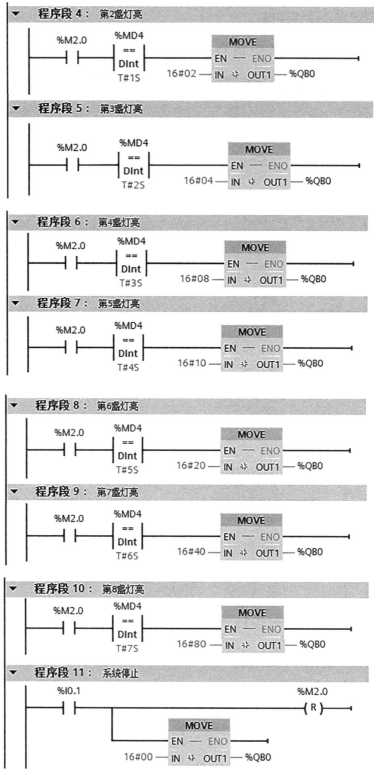

图 13-6 跑马灯的 PLC 控制梯形图

5. 调试程序

将调试好的用户程序下载到 CPU 中,并连接好线路。按下跑马灯起动按钮 SB1,观察 8 盏灯点亮的情况,是否逐一点亮,8 s 后再次循环。在任意一盏灯点亮时,若再次按下跑马灯起动按钮 SB1,观察 8 盏灯亮的情况,是重新从第 1 盏点亮,还是灯的点亮不受起动按钮影响。无论何时按下停止按钮 SB2,8 盏灯是否全部熄灭。若上述调试现象与控制要求一致,则说明本案例任务实现。

6. 拓展训练

①用 MOVE 指令实现三相异步电动机的星三角降压启动控制。
②将本案例用时钟存储器字节和比较指令实现。
③将本案例用定时器、计数器和比较指令实现。

知识点测评

一、选择题

1.(　　)是存储器的最小单位。
A. 位 　　　　B. 字节 　　　　C. 字 　　　　D. 双字
2. 每个字节由(　　)个位组成。
A. 5 　　　　B. 6 　　　　C. 7 　　　　D. 8
3. I1.5 表示输入继电器第(　　)个字节的第 5 位。
A. 1 　　　　B. 2 　　　　C. 3 　　　　D. 4
4. 字 ID4 中最高字节是(　　)。
A. IB4 　　　　B. IB5 　　　　C. IB6 　　　　D. IB7
5. 字节 IB10 中最高位是(　　)。
A. I10.0 　　　　B. I10.1 　　　　C. I10.7 　　　　D. I10.6

二、判断题

1. 一个双字包含两个字节。 (　　)
2. Time 数据类型以表示毫秒时间的有符号双整数形成存储。 (　　)
3. MOVE 指令是用于将 IN 输入端的源数据传送给 OUT1 输出的目的地址,并且转换为 OUT1 指定的数据类型,源数据保持不变。 (　　)
4. 比较指令用来比较数据类型不相同的两个数的大小。 (　　)
5. 比较指令可视为一个等效的触点,当满足比较关系式给出的条件时,等效触点接通。 (　　)

任务评价

姓名			学号			
专业		班级		日期		年　月　日
类别	项目	考核内容		得分	总分	评价标准
技能	技能目标 （75分）	根据硬件接线图，完成电路的连接				根据掌握情况打分
		在博途编程软件上创建工程，编写跑马灯 PLC 控制的程序				
		将程序下载到 PLC 中并完成调试				
	任务完成质量 （15分）	优秀（15分）				
		良好（10分）				
		一般（8分）				
	职业素养 （10分）	沟通能力、职业道德、团队协作能力、自我管理能力				
					教师签名：	

任务十四　流水灯的 PLC 控制

学习目标

流水灯的 PLC
控制

知识目标

1. 掌握移位指令的应用。
2. 掌握循环移位指令的应用。

技能目标

1. 掌握流水灯的 PLC 控制硬件电路的连接。
2. 掌握流水灯 PLC 控制梯形图的设计。

知识链接

1. 移位指令

移位指令的应用

移位指令 SHL 和 SHR 将输入参数 IN 指定的存储单元的整个内容逐位左移或右移若干位,移位的位数用输入参数 N 来定义,移位的结果保存在输出参数 OUT 指定的地址。

无符号数移位和有符号数左移后空出来的位用 0 填充。有符号数右移后空出来的位用符号位(原来的最高位填充),正数的符号位为 0,负数的符号位为 1。

移位位数 N 为 0 时不会移位,但是 IN 指定的输入值被复制给 OUT 指定的地址。如果 N 大于被移位存储单元的位数,所有原来的位都被移出后,全部被 0 或符号位取代。移位操作的 ENO 总是为"1"状态。

将基本指令列表中的移位指令拖放到梯形图后,单击移位指令后将在方框名称下面问号的右侧和名称的右上角同时出现黄色三角符号,将鼠标移至(或单击)方框名称下面和右上角出现的黄色三角符号,会出现 |▼| 按钮。单击指令名称下面问号右侧的 |▼| 按钮,可以用下拉式列表设置变量的数据类型,修改操作数的数据类型;单击指令名称右上角的 |▼| 按钮,可以用下拉式列表设置移位指令类型,如图 14-1 所示。

129

执行移位指令时应注意,如果将移位后的数据要送回原地址,应使用边沿检测触点(P触点或N触点),否则在能流流入的每个扫描周期都要移位一次。

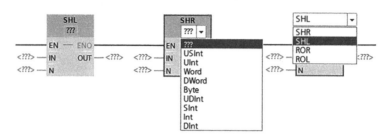

图 14-1 移位指令

2. 循环移位指令

循环移位指令 ROL 和 ROR 将输入参数 IN 指定的存储单元的整个内容逐位循环左移或循环右移若干位后,即移出来的位又送回存储单元另一端空出来的位,原始的位不会丢失。N 为移位的位数,移位的结果保存在输出参数 OUT 指定的地址。N 为 0 时不会移位,但是 IN 指定的输入值复制给 OUT 指定的地址。移位位数 N 可以大于被移位存储单元的位数,执行指令后,ENO 总是为"1"状态。

在图 14-2 中,M1.0 为系统存储器,首次扫描为"1",即首次扫描时将 125(16#7D)赋给 MB10,将−125(16#83,负数的表示使用补码形式,即原码取反后加 1 且符号位不变,−125 的原码的二进制形式为 2#11111101,反码为 2#10000010,补码为 2#10000011,即16#83)赋给 MB20。

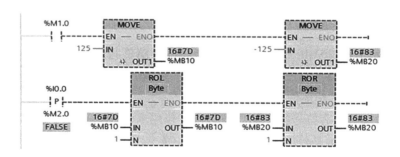

图 14-2 循环移位指令的应用−指令执行前

在图 14-2 中,当 I0.0 出现一次上升沿时,循环左移和循环右移指令各执行一次,都循环移一位,MB10 的数据 16#7D(2#01111101)向左循环移一位后为 2#11111010,即为16#FA;MB20 的数据 16#83(2#10000111)向右循环移一位后为 2#11000001,即 16#C1。

可以看出,循环移位时最高位移入最低位,或最低位移入最高位,即符号位跟着一起移,始终遵循"移出来的位又送回存储单元另一端空出来的位"的原则,带符号的数据进行循环移位时,容易发生意想不到的结果,因此,使用循环移位时,请用户谨慎。

任务引入

使用 S7-1200 PLC 实现一个 8 盏灯的流水灯控制。

任务描述

要求按下起动按钮 SB1 后,第 1 盏灯亮,1 s 后第 1、2 盏灯亮,再过 1 s 后第 1、2、3 盏灯亮,直到 8 盏灯全亮;再过 1 s 后,第 1 盏灯再次亮起,如此循环。无论何时按下停止按钮 SB2,8 盏灯全部熄灭。同时,系统还要求无论何时按下起动按钮,都从第 1 盏灯亮起。

任务实施

1. I/O 分配

根据 PLC 输入/输出点分配原则及本案例控制要求,对本案例进行 I/O 地址分配,如表 14-1 所示。

表 14-1 流水灯 PLC 控制 I/O 分配表

输入		输出	
输入继电器	元件	输出继电器	元件
I0.0	起动按钮 SB1	Q0.0 ~ Q0.7	指示灯 HL1 ~ HL8
I0.1	停止按钮 SB2		

2. 硬件原理图

根据控制要求及上表的 I/O 分配表,可绘制主轴电动机的 PLC 控制硬件原理图如图 14-3 所示。

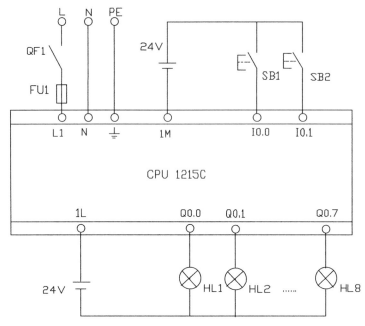

图 14-3 流水灯 PLC 控制硬件原理图

3. 编辑变量表及硬件连接

根据 I/O 分配表完成变量表(图 14-4),根据硬件原理图完成硬件的连接。

D_ls ▸ PLC_1 [CPU 1214C AC/DC/Rly] ▸ PLC 变量 ▸ 默认变量表 [38]

变量 | 用户常量 | 系统常量

默认变量表

	名称	数据类型	地址	保持	在 H...	可从 ...
1	起动按钮SB1	Bool	%I0.0	☐	☑	☑
2	停止按钮SB2	Bool	%I0.1	☐	☑	☑
3	灯HL1	Bool	%Q0.0	☐	☑	☑
4	灯HL2	Bool	%Q0.1	☐	☑	☑
5	灯HL3	Bool	%Q0.2	☐	☑	☑
6	灯HL4	Bool	%Q0.3	☐	☑	☑
7	灯HL5	Bool	%Q0.4	☐	☑	☑
8	灯HL6	Bool	%Q0.5	☐	☑	☑
9	灯HL7	Bool	%Q0.6	☐	☑	☑
10	灯HL8	Bool	%Q0.7	☐	☑	☑

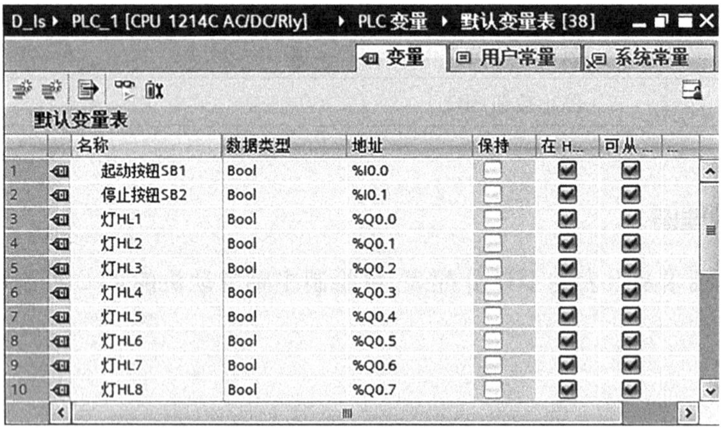

流水灯的PLC控制变里表

图 14-4 流水灯 PLC 控制变量表

4. 编写参考程序

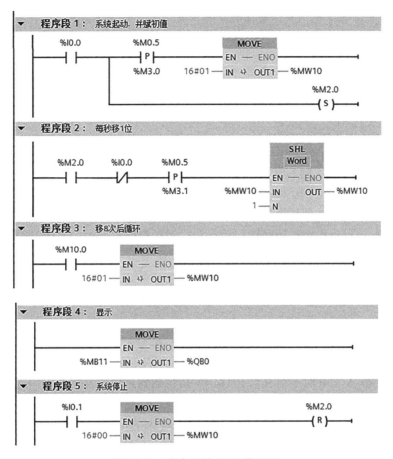

图 14-5　流水灯的 PLC 梯形图

5. 调试程序

将调试好的用户程序及设备组态一起下载到 CPU 中,并连接好线路。按下流水灯起动按钮 SB1,观察 8 盏灯亮的情况,灯是否每秒增加 1 盏点亮,直到 8 盏灯全部点亮后再次循环。在任意一盏灯点亮时,若再次按下跑马灯起动按钮 SB1,观察 8 盏灯亮的情况,是重新从第 1 盏点亮,还是灯的点亮不受启动按钮影响。无论何时按下停止按钮 SB2,8 盏灯是否全部熄灭。若上述调试现象与控制要求一致,则说明本案例任务实现。

6. 拓展训练

①用移位指令或循环移位指令实现任务十三中的跑马灯控制。
②用循环移位指令实现本任务的控制。
③用移位指令实现 16 盏流水灯控制。

知识点测评

一、选择题

1. 左移位指令是(　　　)。

A. SHL   B. ROL   C. SHR   D. ROR

2. 循环右移指令是(　　　)。

A. SHL   B. ROL   C. SHR   D. ROR

3. 数据 2#10000111 向右循环移一位后为(　　　)。

A. 2#11000011   B. 2#11000011   C. 2#11000001   D. 2#11100001

4. 数据 16#7D 向左循环移一位后为(　　　)。

A. 16#FB   B. 16#FD   C. 16#FC   D. 16#FA

二、判断题

1. 循环移位时最高位移入最低位,或最低位移入最高位,符号位不会跟着一起移。

(　　　)

2. 移位指令 SHL 和 SHR 将输入参数 IN 指定的存储单元的整个内容逐位左移或右移若干位,移位的位数用输入参数 N 来定义。

(　　　)

3. 移位位数 N 为 0 时不会移位,但是 IN 指定的输入值被复制给 OUT 指定的地址。

(　　　)

4. 如果 N 大于被移位存储单元的位数,所有原来的位都被移出后,全部被"1"取代。

(　　　)

任务评价

姓名				学号				
专业			班级			日期		年　月　日
类别	项目		考核内容		得分	总分		评价标准
技能	技能目标 (75分)		根据硬件接线图,完成电路的连接					根据掌握情况打分
			在博途编程软件上创建工程,编写流水灯 PLC 控制的程序					
			将程序下载到 PLC 中并完成调试					
	任务完成质量 (15分)		优秀(15分)					
			良好(10分)					
			一般(8分)					
	职业素养 (10分)		沟通能力、职业道德、团队协作能力、自我管理能力					
						教师签名:		

任务十五 多挡位功率调节的 PLC 控制

学习目标

知识目标

1. 掌握四则运算指令应用。
2. 掌握加 1/减 1 指令的应用。

技能目标

掌握多挡位功率调节硬件电路的连接。

知识链接

1. 四则运算指令

数学运算指令中的 ADD、SUB、MUL、DIV 分别是加、减、乘、除指令（表 15-1）。操作数的类型可选 Sint、Int、Dint、USInt、UInt、UDInt、Real 和 LReal，输入参数 IN1 和 IN2 可以是常数，IN1、IN2 和 OUT 的数据类型应该相同。

整数除法指令将得到的商位取整后，作为整数格式的输出 OUT。

用鼠标左键单击输入参数（或称变量）IN2 后面的符号  进行增加输入参数的个数，也可以用鼠标右键单击 ADD 或 MUL（方框指令中输入变量后面带有 ✳ 符号的都可以增加输入变量个数）指令，执行出现的快捷菜单中的"插入输入"命令，ADD 或 MUL 指令将会增加一个输入变量。选中输入变量（如 IN3）或输入变量前的"短横线"，这时"短横线"将变粗，若按下计算机上 Delete 键（或用鼠标右键单击选择快捷菜单中的"删除"命令）对已选中的输入变量进行删除。

表 15-1　数学运算指令

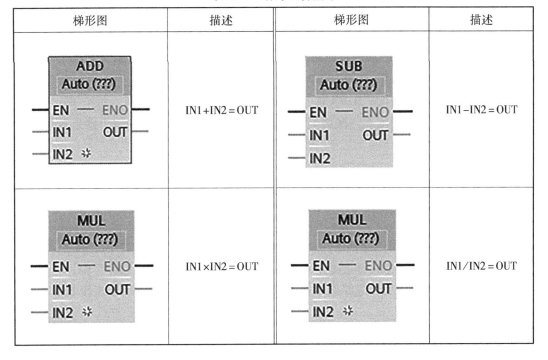

梯形图	描述	梯形图	描述
ADD	IN1+IN2＝OUT	SUB	IN1－IN2＝OUT
MUL	IN1×IN2＝OUT	MUL	IN1/IN2＝OUT

2. 加 1/减 1 指令

INC 将变量 IN/OUT 的值加 1 后还保存到自己的变量中。

DEC 将变量 IN/OUT 的值减 1 后还保存到自己的变量中。

IN/OUT 的数据类型可选 Sint、Int、Dint、USInt、UInt、UDInt，即为有符号或无符号的整数。

表 15-2　加 1/减 1 指令

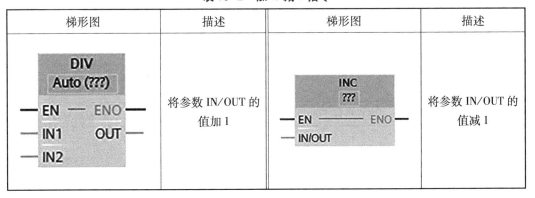

梯形图	描述	梯形图	描述
DIV	将参数 IN/OUT 的值加 1	INC	将参数 IN/OUT 的值减 1

任务引入

本任务应用加 1/减 1 指令实现加热器的多挡功率调节控制。要求:加热器有三种功率的加热丝分别为 0.5 kW、1 kW、2 kW。能够实现七个挡位切换,分别是 0.5 kW、1 kW、1.5 kW、2 kW、2.5 kW、3 kW、3.5 kW。按下启动按钮后才能功率调节。每按下一次功率增加按钮上升一个挡,每按下一次功率减小按钮功率下降一个挡位。按下停止按钮停止加热。

任务描述

按下启动按钮 SB1 电源指示灯点亮。按下启动按钮 SB1 后才能调节功率,每按下一次功率增加按钮 SB2 上升一个挡位,每按下一次功率减小按钮 SB3 功率下降一个挡位。按下停止按钮 SB4 停止加热电源指示灯熄灭。重新调节需再次按下启动按钮 SB1。

任务实施

1. I/O 分配

根据 PLC 输入/输出点分配原则及本案例控制要求,对本案例进行 I/O 地址分配,如表 15-3 所示。

表 15-3　多挡位功率调节 PLC 控制 I/O 分配表

输入		输出	
输入继电器	元件	输出继电器	元件
I0.0	启动按钮 SB1	Q0.0	0.5 kW 加热丝
I0.1	增加按钮 SB2	Q0.1	1 kW 加热丝
I0.2	减小按钮 SB3	Q0.2	2 kW 加热丝
I0.3	停止按钮 SB4	Q0.3	电源指示灯

2. 硬件原理图

根据控制要求及上表的 I/O 分配表,可绘制主轴电动机的 PLC 控制硬件原理图如图 15-1 所示。

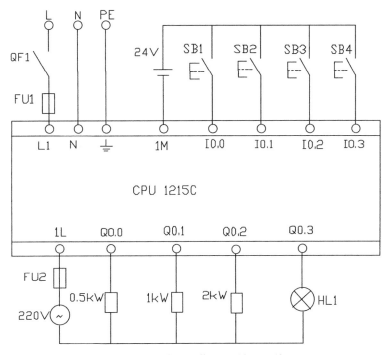

图 15-1　多挡位功率调节 PLC 控制硬件原理图

3. 编辑变量表及硬件连接

根据 I/O 分配表完成变量表(图 15-2),根据硬件原理图完成硬件的连接。

		名称	数据类型	地址	保持	可从 ...	从 H...	在 H...	注释
1		启动按钮SB1	Bool	%I0.0	☐	☑	☑	☑	
2		增加按钮SB2	Bool	%I0.1	☐	☑	☑	☑	
3		减小按钮SB3	Bool	%I0.2	☐	☑	☑	☑	
4		停止按钮SB4	Bool	%I0.3	☐	☑	☑	☑	
5		0.5kw加热丝	Bool	%Q0.0	☐	☑	☑	☑	
6		1kw加热丝	Bool	%Q0.1	☐	☑	☑	☑	
7		2kw加热丝	Bool	%Q0.2	☐	☑	☑	☑	
8		电源指示灯	Bool	%Q0.3	☐	☑	☑	☑	
9		<添加>				☑	☑	☑	

变量表_1

图 15-2　多挡位功率调节 PLC 控制变量表

4. 编写参考程序

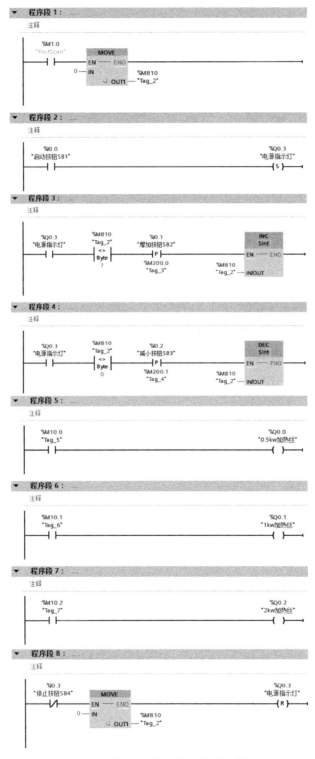

图 15-3　多挡位功率调节 PLC 控制梯形图

5.调试程序

将调试好的用户程序及设备组态一起下载到 CPU 中,并连接好线路。按下启动按钮 SB1,观察所有加热丝是否加热,电源指示灯是否点亮。所有加热丝不加热,电源灯点亮 为正确。按下增加按钮 0.5 kW 加热丝开始加热,功率依次增加至 1 kW、1.5 kW、2 kW、 2.5 kW、3 kW、3.5 kW。当功率增加到 3.5 kW 时,再按下增加按钮,观察功率是否保持 3.5 kW 不变,保持不变则程序编写正确。按下减小按钮从增加到的当前功率减小。当 功率减小到 0 kW 时,观察功率是否保持 0 kW 不变,保持不变程序编写正确。按下停止 按钮,观察电源指示灯是否熄灭,增加/减小功率是否失效,电源指示灯熄灭,增加/减小 功率失效则程序编写正确。

6.拓展训练

①利用指示灯代替加热丝实现本任务要求。
②编程实现(12+26+47−56)×35+26.5 的运行结果,并保存在 MID20 中。

知识点测评

一、选择题

1.数学运算指令中加法指令是(　　　)。
A. ADD　　　　　　　B. SUB　　　　　　　C. MUL　　　　　　　D. DIV
2.数学运算指令中乘法指令是(　　　)。
A. ADD　　　　　　　B. SUB　　　　　　　C. MUL　　　　　　　D. DIV

二、判断题

1.数学运算指令中操作数的类型可选 Sint、Int、Dint、USInt、UInt、UDInt、Real 和 LReal。　　　　　　　　　　　　　　　　　　　　　　　　　　　　　　　　(　　)
2.四则运算指令中参数 IN1、IN2 和 OUT 的数据类型可以不同。　　　　　(　　)
3.整数除法指令将得到的商位取整后,作为整数格式的输出 OUT。　　　　(　　)
4.INC 将变量 IN/OUT 的值加 1 后还保存到自己的变量中。　　　　　　　(　　)
5.DEC 将变量 IN/OUT 的值减 1 后数据会丢失。　　　　　　　　　　　　(　　)

任务评价

姓名				学号			
专业			班级		日期		年 月 日
类别	项目		考核内容		得分	总分	评价标准
技能	技能目标 (75分)		根据硬件接线图,完成电路的连接				根据掌握情况打分
			在博途编程软件上创建工程,编写多挡位功率调节 PLC 控制的程序				
			将程序下载到 PLC 中并完成调试				
	任务完成质量 (15分)		优秀(15分)				
			良好(10分)				
			一般(8分)				
	职业素养 (10分)		沟通能力、职业道德、团队协作能力、自我管理能力				
						教师签名:	

任务十六　闪光频率的 PLC 控制

学习目标

知识目标

1. 掌握跳转指令的应用。
2. 掌握定义跳转列表和跳转分支指令的应用。

闪光频率的
PLC 控制

技能目标

掌握闪光频率硬件电路的连接。

知识链接

1. JMP 及 LABEL 指令

跳转与标签指
令的应用

在程序中设置跳转指令,可提高 CPU 的程序执行速度。在没有执行跳转指令时,各个程序段按从上到下的先后顺序执行,这种执行方式称为线性扫描。跳转指令中止程序的线性扫描,跳转到指令中的地址标签所在的目的地址。跳转时不执行跳转指令与标签之间的程序,跳到目的地址后,程序继续按线性扫描的方式顺序执行。跳转指令可以往前跳,也可以往后跳。

只能在同一个代码块内跳转,即跳转指令与对应的跳转目的地址应在同一个代码块内。在一个块内,同一个跳转目的地址只能出现一次,即可以从不同的程序段跳转到同一个标签处,同一代码块内不能出现重复的标签。

如果跳转条件满足(如图 16-1 中 I0.0 的常开触点闭合)监控时 JMP(jump,为"1"时块中跳转)指令的线圈通电(跳转线圈为绿色),跳转被执行,将跳转到指令给出的标签 abc 处,执行标签之后的第一条指令。被跳过的程序段的指令没有被执行,这些程序段的梯形图为灰色标签在程序段的开始处(单击基本指令下"程序控制操作"指令文件夹中的图标  ,便在程序段的下方梯形图的上方出现 ⟨???⟩ ,然后双击问号输入标签名),标签的第一个字符必须是字母,其余的可以是字母、数字和下划线。如果跳转条件不满足,将继续执行下一个程序段的程序。

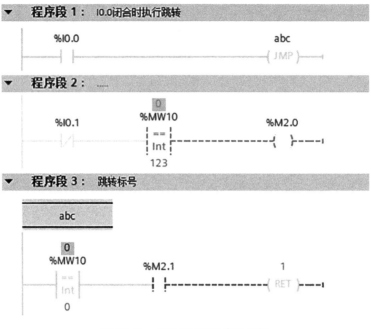

图 16-1　JMP 和 RET 应用示例

2. RET 指令

RET(返回)指令的线圈通电时,停止执行当前的块,不再执行指令后面的程序,返回调用它的块后,执行调用指令后的程序,如图 16-1 所示。RET 指令的线圈断电时,继续执行它下面的程序。RET 线圈的上面是块的返回值,数据类型是 Bool。如果当前的块是 OB,返回值被忽略。如果当前的是函数 FC 或函数块 FB,返回值作为函数 FC 或函数块 FB 的 ENO 的值传送给调用它的块。

一般情况下并不需要在块结束时使用 RET 指令来结束块,操作系统将会自动完成这一任务。RET 指令用来有条件地结束块,一个块可以使用多条 RET 指令。

3. JMP_LIST 及 SWITCH 指令

使用 JMP_LIST(定义跳转列表)指令,可定义多个有条件跳转,执行由 K 参数的值指定的程序段中的程序,见图 16-2。

可使用跳转标签定义跳转,跳转标签则可以在指令框的输出指定。可在指令框中增加输出的数量(默认输出只有 2 个),CPU S7-1200 最多可以声明 32 个输出。

输出编号从"0"开始,每增加一个新输出,都会按升序连续递增。在指令的输出中只能指定跳转标签,而不能指定指令或操作数。

K 参数值将指定输出编号,因而程序将从跳转标签处继续执行。如果 K 参数值大于可用的输出编号,则继续执行块中下个程序段中的程序。

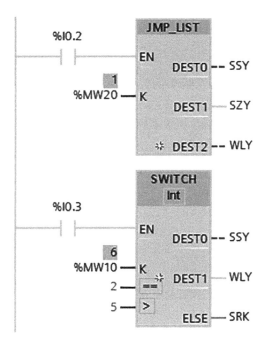

图 16-2　JMP_LIST 和 SWITCH 应用示例

在图 16-2 中,当 K 参数的值为 1 时,程序跳转至目标输出 DEST1(destination,目的地)所指定的标签处 SZY 开始执行。使用 SWITCH(跳转分支,又称为跳转分配器)指令可根据一个或多个比较指令的结果,定义要执行的多个程序跳转。在参数 K 中指定要比较的值,将该值与各个输入提供的值进行比较,可以为每个输入选择比较运算符。

各比较指令的可用性取决于指令的数据类型,可以从指令框的"<???>"下拉列表中选择该指令的数据类型。如果选择了一种比较指令并且尚未定义该指令的数据类型,则"<???>"下拉列表中仅提供所选比较指令允许的数据类型。

该指令从第一个比较开始执行,直至满足比较条件为止。如果满足比较条件,则将不考虑后续比较条件。如果不满足任何指定的比较条件,则将执行输出 ELSE 处的跳转,如果输出 ELSE 中未定义程序跳转,则程序从下一个程序段继续执行。

可在指令功能框中增加输出的数量。输出编号从"0"开始,每增加一个新输出,都会按升序连续递增。在指令的输出中指定跳转标签(LABEL)。不能在该指令的输出上指定指令或操作数。每个增加的输出都会自动插入一个输入。如果满足输入的比较条件,则将执行相应输出处设定的跳转。

在图 16-2 中,参数 K 的值为 6,则满足大于 5 的条件,即程序跳转至目标输出 DEST1 所指定的标签处 WLY 开始执行。

任务引入

使用 S7-1200 PLC 实现闪光频率的控制,要求根据选择的按钮,闪光灯以相应频率闪烁。若按下慢闪按钮,闪光灯以 2 s 周期闪烁;若按下中闪按钮,闪光灯以 1 s 周期闪烁;若按下快闪按钮,闪光灯以 0.5 s 周期闪烁。无论何时按下停止按钮,闪光灯熄灭。

任务实施

1. I/O 分配

根据 PLC 输入/输出点分配原则及本案例控制要求,对本案例进行 I/O 地址分配如表 16-1 所示。

表 16-1　闪光频率的 PLC 控制 I/O 分配表

输入		输出	
输入继电器	元件	输出继电器	元件
I0.0	慢闪按钮 SB1	Q0.0	闪光灯 HL
I0.1	中闪按钮 SB2		
I0.2	快闪按钮 SB3		
I0.3	停止按钮 SB4		

2. 硬件原理图

根据控制要求及上表的 I/O 分配表,可绘制闪光频率的 PLC 控制硬件原理图如图 16-3 所示。

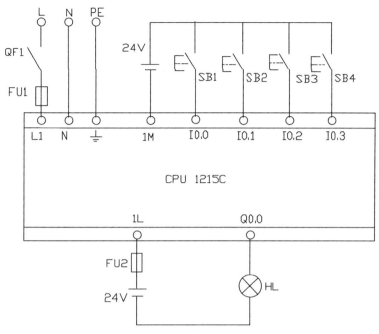

图 16-3　闪光频率的 PLC 控制硬件原理图

3. 编辑变量表及硬件连接

根据 I/O 分配表完成变量表(图 16-4),根据硬件原理图完成硬件的连接。

项目1 ▶ PLC_1 [CPU 1214C DC/DC/DC] ▶ PLC 变量 ▶ 变量表_1 [5]

变量表_1

		名称	数据类型	地址	保持	可从 ...	从 H...	在 H...	注释
1		慢闪按钮	Bool	%I0.0	☐	☑	☑	☑	
2		中闪按钮	Bool	%I0.1	☐	☑	☑	☑	
3		快闪按钮	Bool	%I0.2	☐	☑	☑	☑	
4		停止按钮	Bool	%I0.3	☐	☑	☑	☑	
5		闪光灯	Bool	%Q0.0	☐	☑	☑	☑	
6		<添加>			☐	☑	☑	☑	

图 16-4　闪光频率的 PLC 变量表

4. 编写参考程序

程序段 1： 首次扫描或系统停止时，清所有闪烁标志位

%M1.0
%I0.3
MOVE
EN — ENO
16#00 — IN ⁂ OUT1 — %MB2
MOVE
EN — ENO
16#00 — IN ⁂ OUT1 — %MB3

程序段 2： 置慢闪标志位 M2.0，并对 MB3 清 0

%I0.0
MOVE
EN — ENO
16#01 — IN ⁂ OUT1 — %MB2
MOVE
EN — ENO
16#00 — IN ⁂ OUT1 — %MB3

程序段 3： 置中闪标志位 M2.1，并对 MB3 清 0

%I0.1
MOVE
EN — ENO
16#02 — IN ⁂ OUT1 — %MB2
MOVE
EN — ENO
16#00 — IN ⁂ OUT1 — %MB3

程序段 4： 置快闪标志位 M2.2，并对 MB3 清 0

%I0.2
MOVE
EN — ENO
16#04 — IN ⁂ OUT1 — %MB2
MOVE
EN — ENO
16#00 — IN ⁂ OUT1 — %MB3

程序段 5： 转慢闪程序段 M_SHAN

%M2.0
M_SHAN
(JMP)

程序段 6： 转中闪程序段 Z_SHAN

%M2.1
Z_SHAN
(JMP)

程序段 7： 快闪程序段(M0.3为周期0.5s的时钟存储器位)，并转入公共程序段

%M2.2   %M0.3   %M3.2

G_GONG
(JMP)

程序段 8： 慢闪程序段(M0.7为周期2s的时钟存储器位)，并转入公共程序段

M_SHAN

%M2.0   %M0.7   %M3.0
( )

G_GONG
(JMP)

程序段 9： 中闪程序段(M0.5为周期1s的时钟存储器位)

Z_SHAN

%M2.1   %M0.5   %M3.1
( )

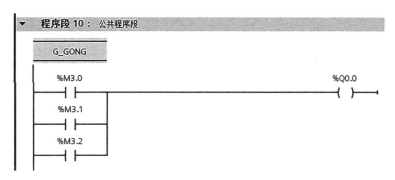

图 16-5　闪光频率的 PLC 控制梯形图

5.调试程序

将调试好的用户程序及设备组态一起下载到 CPU 中,并连接好线路按下慢闪按钮 SB1,观察闪光灯的闪烁情况;然后按下中闪按钮 SB2,观察闪光灯的闪烁情况;再按下快闪按钮 SB3,观察闪光灯的闪烁情况。这三种情况下,闪光灯的闪烁频率是否有明显的变化? 最后按下停止按钮 SB4,观察闪光灯是否熄灭。若上述调试现象与控制要求一致,则说明本案例任务实现。

思考:前四个程序段都让 MB3 清零,如果不清零,调试时会出现什么情况? 当一种频率切换到另一种频率时,若正处在前一种频率点亮的情况下,此时切换到另一种频率,则闪光灯不会闪烁。请自行分析出现这种情况的原因。

6.拓展训练

①用定义跳转列表和跳转分支指令实现本案例控制要求。

②利用跳转指令完成手动与自动的切换。在手动模式下完成电动机点动控制操作,在自动模式下完成按下起动按钮电动机连续工作 10 s 后,自动停止。

知识点测评

一、选择题

1.(　　)指令的线圈通电时,停止执行当前的块,不再执行指令后面的程序,返回调用它的块后,执行调用指令后的程序。

A. JMP　　　　　　　B. RET　　　　　　　C. JMP_LIST　　　　　D. SWITCH

2.(　　)指令,可定义多个有条件跳转,执行由 K 参数的值指定的程序段中的程序。

A. JMP　　　　　　　B. RET　　　　　　　C. JMP_LIST　　　　　D. SWITCH

3.(   )指令可根据一个或多个比较指令的结果,定义要执行的多个程序跳转。

A. JMP   B. RET

C. JMP_LIST   D. SWITCH

4. 如图 16-6 所示的 SWITCH 指令,当 MW10 的值为 4 时
跳转到(   )执行。

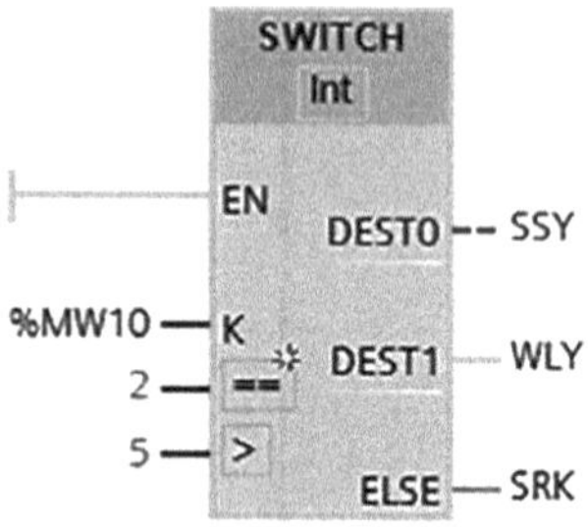

A. SSY

B. SRK

C. WLY

D. 什么都不执行

图 16-6

5. 如图 16-7 所示的 JMP_LIST 指令,当 MW20 的值为 0 时
跳转到(   )执行。

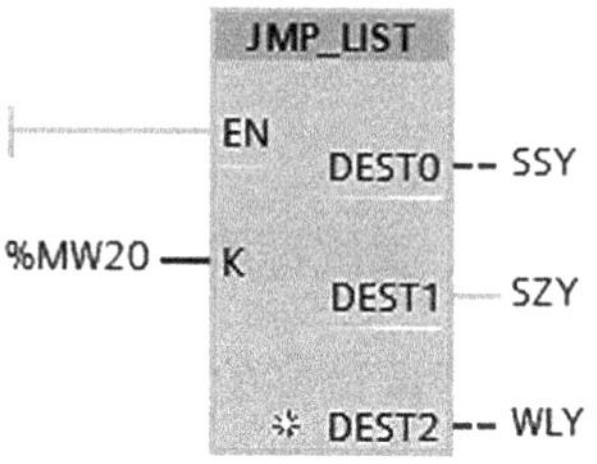

A. SSY

B. SRK

C. WLY

D. 什么都不执行

图 16-7

二、判断题

1. 跳转指令与对应的目的地址可以不在同一个程序段内。   (   )

2. 同一个跳转目的地址只能出现一次,同一代码块内不能出现重复的标签。(   )

3. 各个程序段按从上到下的先后顺序执行,这种执行方式称为线性扫描。 (   )

4. 跳转指令只能往后跳转,不能往前跳转。   (   )

5. 标签的第一个字符必须是字母,其余的可以是字母、数字和下划线。   (   )

任务评价

姓名				学号			
专业		班级			日期		年　月　日
类别	项目	考核内容		得分	总分	评价标准	
技能	技能目标 （75分）	根据硬件接线图，完成电路的连接				根据掌握情况打分	
		在博途编程软件上创建工程，编写闪光频率 PLC 控制的程序					
		将程序下载到 PLC 中并完成调试					
	任务完成质量 （15分）	优秀（15 分）					
		良好（10 分）					
		一般（8 分）					
	职业素养 （10分）	沟通能力、职业道德、团队协作能力、自我管理能力					
					教师签名：		

任务十七　两台电动机启保停的 PLC 控制

学习目标 ▶

知识目标

1. 掌握函数的应用。
2. 掌握结构化程序设计的基本方法。

两台电动机启
保停的 PLC
控制

技能目标

掌握两台电动机连续运行控制电路的硬件连接。

知识链接 ▶

1. 用户程序结构

用户程序结构如图 17-1 所示。

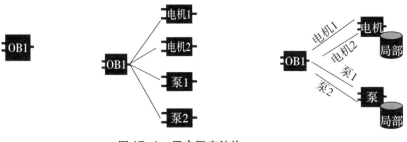

线性化程序　　　　　　模块化程序　　　　　　结构化程序
全部语句都在一个OB块内　各个功能的语句包含在不同的块内　重复使用块，可以多次调用

图 17-1　用户程序结构

线性化程序按照顺序逐条执行用于自动化任务的所有指令。通常线性化程序将所有指令代码都放入循环执行程序的 OB（如 OB1）中，如图 17-2（a）所示。

152

模块化程序则调用可执行特定任务的代码块 [如 FB（函数块）、FC（function，函数）]，如图 17-2（b）所示。

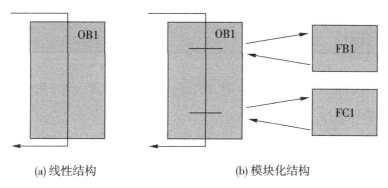

(a) 线性结构　　　　　　　　　(b) 模块化结构

图 17-2　用户的程序结构框图

调用的代码块又可以调用别的代码块，这种调用称为嵌套调用，如图 17-3 所示。从程序循环 OB 或启动 OB 开始，S7-1200 的嵌套深度为 16；从中断 OB 开始，S7-1200 的嵌套深度为 6。在块调用中，调用者可以是各种代码块，被调用的块是 OB 之外的代码块。调用 FB 时需要为它指定一个背景数据块。

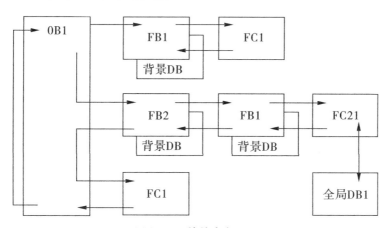

图 17-3　块的嵌套调用

S7-1200 PLC 的块包括组织块、功能、功能块和数据块，而数据块又分为全局数据块和背景数据块。

表 17-1　S7-1200 PLC 的块

块（Block）	简要描述
组织块（OB）	操作系统与用户程序的接口，决定用户程序的结构
函数（FC）	用户编写的包含经常使用的功能的子程序，无专用的存储器

续表 17-1

块（Block）	简要描述
函数块（FB）	用户编写的包含经常使用的功能的子程序,有专用的存储器
数据块（DB）	存储用户数据区域

创建用于自动化任务的用户程序时,需要将程序的指令插入到下列代码块中。

（1）组织块（OB）

用于 CPU 中的特定事件,可中断用户程序的运行。其中 OB1 为执行用户程序默认的组织块,是用户必需的代码块,一般用户程序和调用程序块都在 OB1 中完成。如果程序中包括其他的 OB,那么当特定事件（启动任务、硬件中断事件等）触发这些 OB 时,OB1 的执行会被中断。特定事件处理完毕后,会恢复 OB1 的执行。

表 17-2 能够启动 OB 的事件

时间类别	OB 号	OB 数目	启动事件	OB 优先级	优先级组
程序循环	1 或≥123	≥1	启动或结束上一个循环 OB	1	1
启动	100 或≥123	≥0	STOP 到 RUN 的转换	1	2
时间延迟中断	20~23 或≥123	≥0	延时时间到	3	
循环中断	30~38 或≥123	≥0	固定的循环时间到	4	
硬件中断	40~47 或≥123	≤50	上升沿≤16 个,下降沿≤16 个	5	
			HSC:计数值=参考值(最多6次) HSC:计数方向变化(最多6次) HSC:外部复位(最多6次)	6	
诊断错误中断	82	0 或 1	模块检测到错误	9	
时间错误中断	80	0 或 1	超过最大循环时间,调用的 OB 正在执行,队列溢出,因中断负载过高而丢失中断	26	3

1)程序循环组织块(program cycle OB) OB1 是用户程序中的主程序,CPU 循环执行操作系统程序,在每一次循环中,操作系统调用一次 OB1。因此 OB1 中的程序也是循环执行的。允许有多个程序循环 OB,默认的是 OB1,其他程序循环 OB 的编号应大于等于 200。

2)启动组织块(startup OB) 当 CPU 的工作模式从 STOP 切换到 RUN 时,执行一次启动组织块,来初始化程序循环 OB 中的某些变量。执行完启动 OB 后,开始执行程序循环 OB。可以有多个启动 OB,默认的为 OB100,其他启动 OB 的编号应大于等于 200。

3)中断组织块(interrupt OB) 中断组织块用来实现对特殊内部事件或外部事件的快速响应。如果没有中断事件出现,CPU 循环执行组织块 OB1。如果出现中断事件,例如诊断中断和时间延迟中断等,因为 OB1 的中断优先级最低,操作系统在执行完当前程序的当前指令后,立即响应中断。CPU 暂停正在执行的程序块,自动调用一个分配给该事件的组织块(即中断程序)来处理中断事件。执行完中断组织块后,返回被中断的程序的断点处继续执行原来的程序。

这意味着部分用户程序不必在每次循环中处理,而是在需要时才被及时处理。处理中断事件的程序放在该事件驱动的 OB 中。

4)时间延迟中断组织块(time-delay OB)　此 OB 可以通过 SRT_DINT 指令设置其延迟时间,当延迟时间到达时,延迟中断 OB 被触发。

5)循环中断组织块(cyclic interrupt OB)　将在指定间隔之间被执行。它不依赖于外部信号或事件,而是内部生成的,通常用于执行需要周期性重复的任务。

6)硬件中断组织块(hardware interrupt OB)　将在指定的硬件事件发生时被执行,例如数字量输入信号的上升沿或下降沿。

7)时间错误中断组织块(time-error interrupt OB)　此 OB 将在检测到时间错误(程序循环扫描 OB 执行时间超出了 CPU 属性中定义的最大扫描时间)时被执行,此 OB 的编号只能是 OB80。当 CPU 中没有此 OB 时,用户可以指定当时间错误发生时 CPU 是忽略此错误还是转换到 STOP 模式。

8)诊断错误中断组织块(diagnostic error interrupt OB)　此 OB 将在检测到诊断错误时被执行,此 OB 的编号只能是 OB82。当 CPU 中没有此 OB 时,用户可以指定当诊断错误发生时 CPU 是忽略此错误还是转换到 STOP 模式。

(2)功能块(FB)

FB 函数块点动实例

相当于带背景块的子程序,用户在 FB 中编写子程序,然后在 OB 块或 FB、FC 中去调用它。调用 FB 时,需要将相应的参数传递到 FB,并指明其背景 DB,背景 DB 用来保存该 FB 执行期间的值状态,该值在 FB 执行完也不会丢失,程序中的其他块可以使用这些值状态。通过更改背景 DB 可使一个 FB 被调用多次。例如,借助包含每个泵或变频器的特定运行参数的不同背景 DB,同一个 FB 可以控制多个泵或变频器的运行。

(3)函数(FC)

函数,又称为功能。类似于子程序,它包含完成指定的任务的程序。

用户可以将具有相同或者相近控制过程的程序编写在 FC 中。功能是一种可以快速执行的子程序块,它包含特定任务的代码和参数,通常用于根据输入参数执行指令。使用 FC 可以完成以下任务:

①创建一个可重复使用的操作,例如公式计算;

②创建一个可重复使用的技术工艺功能,例如阀门控制。

在程序中的不同点可以多次调用功能,功能没有分配给它的背景数据块,功能使用临时堆栈临时保存数据,功能退出后,临时堆栈中的变量将丢失。功能分有参功能和无参功能两大类,有参功能的调用在参数每次调用必须提供功能的实参。注意:必须使用全局操作数保存数据。

(4)数据块(DB)

数据块(data block,DB)是用于存放执行代码块时所需数据的数据区,与代码块不同,数据块没有指令,STEP7 按数据生成顺序自动地为数据块中的变量分配地址。有以下两种类型的数据块:

全局数据块:存储供所有的代码块使用的数据,所有的 OB、FB 和 FC 都可以访问。

背景数据块:存储供特定的 FB 使用的数据。背景数据块中保存的是对应 FB 的输入、输出参数和局部静态变量。FB 的临时数据(Temp)不是用背景数据块保存的。

任务引入

使用 S7-1200 PLC 实现两台电动机的连续起保停控制,并有状态指示。

任务描述

在此函数中实现两台电动机的连续运行控制,控制模式相同:按下起动按钮(电动机 1 对应 I0.0,电动机 2 对应 I0.2),电动机起动运行(电动机 1 对应 Q0.0,电动机 2 对应 Q0.2),按下停止按钮(电动机 1 对应 I0.1,电动机 2 对应 I0.3),电动机停止运行,电动机工作指示分别为 Q0.1 和 Q0.3。在此,电动机过载保护用的热继电器常闭触点接在 PLC 的输出回路中。

任务实施

1. I/O 分配

根据 PLC 输入/输出点分配原则及本案例控制要求,对本案例进行 I/O 地址分配,如表 17-3 所示。

表 17-3　两台电动机启保停控制的 I/O 分配表

输入		输出	
输入继电器	元件	输出继电器	元件
I0.0	电机 1 起动 SB1	Q0.0	电机 1
I0.1	电机 1 停止 SB2	Q0.1	电机 1 指示灯
I0.2	电机 2 起动 SB3	Q0.2	电机 2
I0.3	电机 2 停止 SB4	Q0.3	电机 2 指示灯

2. 硬件原理图

根据控制要求及上文的 I/O 分配表(表 17-3),两台电动机启保停控制的硬件原理图可绘制如图 17-4 所示。

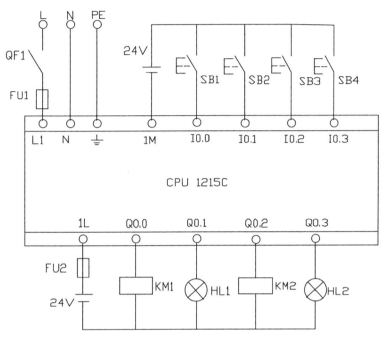

图 17-4　两台电动机启保停控制的硬件原理图

3. 编辑变量表

根据控制要求及表 17-3 的 I/O 分配表,编辑变量表(图 17-5)。

项目1 ▶ PLC_1 [CPU 1214C DC/DC/DC] ▶ PLC 变量 ▶ 变量表_1 [8]

变量表_1

		名称	数据类型	地址	保持	可从...	从 H...	在 H...	注释
1	⬛	电机1起动	Bool	%I0.0	☐	☑	☑	☑	
2	⬛	电机1停止	Bool	%I0.1	☐	☑	☑	☑	
3	⬛	电机2起动	Bool	%I0.2	☐	☑	☑	☑	
4	⬛	电机2停止	Bool	%I0.3	☐	☑	☑	☑	
5	⬛	电机1	Bool	%Q0.0	☐	☑	☑	☑	
6	⬛	电机1指示	Bool	%Q0.1	☐	☑	☑	☑	
7	⬛	电机2	Bool	%Q0.2	☐	☑	☑	☑	
8	⬛	电机2指示	Bool	%Q0.3	☐	☑	☑	☑	
9		<添加>			☐	☑	☑	☑	

图 17-5　两台电动机启保停控制的变量表

4. 编写程序

(1) 生成函数 FC

打开博途编程软件的项目视图,生成一个名为"FC_First"的新项目。用鼠标双击项目树中的"添加新设备",添加一个新设备,CPU 的型号选择为"CPU 1215C DC/DC/DC"。

打开项目视图中的文件夹"\PLC 1\程序块",用鼠标双击其中的"添加新块",如图 17-6 左图所示,打开"添加新块"对话框,如图 17-6 右图所示,单击其中的"函数"按钮,FC 默认编号方式为"自动",且编号为1,编程语言为 LAD(梯形图)。设置函数的名称为"M_lianxu",默认名称为"块1"(也可以对其重命名,用鼠标右键单击程序块文件夹下的 FC,选择弹出列表中的"重命名"然后对其更改名称)。勾选左下角的"新增并打开"选择,然后单击"确定"按钮,自动生成 FC1,并打开其编程窗口,此时可以在项目树的文件夹"\PLC 1\程序块"中看到新生成的 FC1(M_lianxu[FC1]),如图 17-6 左图所示。

图 17-6　添加新块

(2) 生成 FC 的局部数据

将鼠标的光标放在 FC1 的程序区最上面的分隔条上,按住鼠标左键,往下拉动分隔条,分隔条上面的函数的接口区如图 17-7 右图所示,下面是程序编辑区。将水平分隔条拉至程序编程器视窗的顶部,不再显示接口区,但是它仍然存在。或者通过单击块接口区与程序编辑区之间的▲和▼隐藏或显示块接口区。

在接口区中生成局部变量,但只能在它所在的块中使用,且为符号寻址访问。块的局部变量的名称由字符(包括汉字)、下划线和数字组成,在编程时程序编辑器自动地在局部变量名前加上#号来标识它们(全局变量或符号使用双引号,绝对地址使用%)。函数主要用以下 5 种局部变量。

①Input(输入参数):由调用它的块提供的输入数据。

②Output(输出参数):返回给调用它的块的程序执行结果。

③InOut(输入/输出参数):初值由调用它的块提供,块执行后将它的值返回给调用它的块。

④Temp(临时数据):暂时保存在局部堆栈中的数据。只是在执行块时使用临时数据,执行完后,不再保存临时数据的数值,它可能被别的块的临时数据覆盖。

⑤Return(返回):Return 中的 M_lianxu(返回值)属于输出参数。

图 17-7   FC1 的局部变量

下面生成上述电动机连续控制的函数局部变量。

在 Input 下面的"名称"列生成变量"Start"和"Stop",单击"数据类型"列下的▣按钮,用下拉列表设置其数据类型为"Bool",默认为"Bool"。

在 InOut 下面的"名称"列生成变量"Dispaly",选择数据类型为"Bool"。

在 Output 下面的"名称"列生成变量"Motor",选择数据类型为"Bool"。

生成局部变量时,不需要指定存储器地址。根据各变量的数据类型,程序编辑器自动地为所有局部变量指定存储器地址。

图 17-7 中返回值 M_lianxu(函数 FC 的名称)属于输出参数,默认的数据类型为"Void",该数据类型不保存数据,用于函数不需要返回值的情况。在调用 FC1 时,看不到 M_lianxu。如果将它设置为"Void"以外的数据类型,在 FC1 内部编程时可以使用该变量,调用 FC1 时可以在方框的右边看到作为输出参数的 M_lianxu。

(3)编写 FC 中程序

在自动打开的 FC1 程序编辑视窗中编写上述电动机连续运行控制的程序,程序窗口同主程序(OB1)。电动机连续运行的程序设计如图 17-8 所示,并对其进行编译。编程时单击触点或线圈上方的<???>时,可手动输入其名称,或再次单击<???>通过弹出的▣按钮,用下拉列表选择其变量。

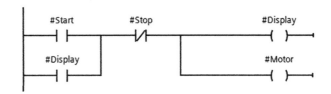

图 17-8　FC1 的电动机连续运行程序

注意:如果定义变量"Dispaly"为"Output"参数,则在编写 FC1 程序的自锁常开触点时,系统会提示"'#Display'变量被声明为输出,但是可读"的警告,并且此处触点显示不是黑色而为棕色。在主程序编译时也会提出相应的警告。在执行程序时,电动机只能点动,不能连续,即线圈得电,而自锁触点不能闭合。

（4）在 OB1 中调用 FC

在 OB1 程序编辑视窗中,将项目树中的 FC1 拖放到右边的程序区的水平"导线"上,如图 17-9 所示。FC1 的方框中左边的"Start"等是 FC1 的接口区中定义的输入参数和输入/输出参数,右边的"Motor"是输出参数。它们被称为 FC 的形式参数,简称为形参。形参在 FC 内部的程序中使用,在其他逻辑块(包括组织块、函数和函数块)调用 FC 时,需要为每个形参指定实际的参数,简称为实参。实参与它对应的形参应具有相同的数据类型。

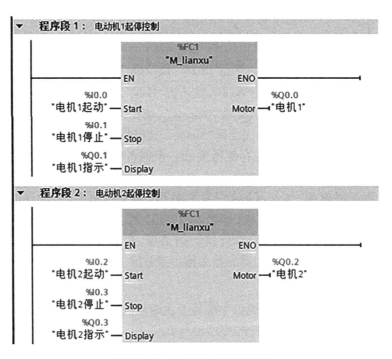

图 17-9　在 OB1 中调用 FC1

指定形参时,可以使用变量表和全局数据块中定义的符号地址或绝对地址,也可以是调用 FC1 的块(例如 OB1)的局部变量。

如果在 FC1 中不使用局部变量,直接使用绝对地址或符号地址进行编程,则如同在主程序中编程一样,若使用些程序段,必须在主程序或其他逻辑块加以调用。若上述控制要求在 FC1 中未使用局部变量(无形参),则编程如图 17-10 所示。

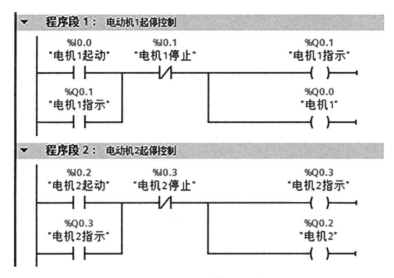

图 17-10 无形参的 FC1 编程

在 OB1 中调用 FC1 时,如图 17-11 所示。

从上述使用形参和未使用形参进行 FC1 的编程及调用来看,使用形参编程比较灵活,使用比较方便,特别对于功能相同或相近的程序来说,只需要在调用的逻辑块中改变 FC 的实参即可,便于用户阅读及程序的维护,而且能做到模块化和结构化的编程,比线性化方式编程更易理解控制系统的各种功能及各功能之间的相互关系。建议用户使用有形参的 FC 的编程方式,包括对 FB 的编程。

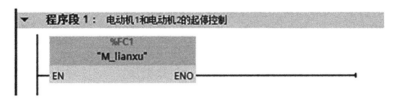

图 17-11 无形式参数的 FC1 调用

5. 调试 FC 程序

选中项目 PCL_1,将组态数据和用户程序下载到 CPU,将 CPU 切换到 RUN 模式。打开 FC 的程序编辑视窗,单击工具栏上的 按钮,启动程序状态监控功能,监控方法同主程序。

6. 为块提供密码保护

选中需要密码保护的 FC(或 FB、OB 等其他逻辑块),执行菜单命令"编辑"→"专有技术保护"→"定义",在打开的"定义密码"对话框中输入新密码和确认密码,单击"确定"按钮后,项目树中相应的 FC 的图标上出现一把锁的符号 🔒,表示相应的 FC 受到保护。单击巡视窗口编辑器栏上相应 FC 的按钮,打开 FC 程序编辑视窗,此时可以看到接口区的变量,但是看不到程序区的程序。若用鼠标双击项目树中程序块文件夹下带保护的 FC 时,会弹出"访问保护"对话框,要求输入 FC 的保护密码,密码输入正确后,单击"确定"按钮,可以看到程序区的程序。

知识点测评 ▶

一、选择题

1. ( )构成了操作系统和用户程序之间的接口。

A. 数据块　　　　　B. 组织块　　　　　C. 函数　　　　　D. 函数块

2. 在函数块(FB)的接口区中,( )具有调用时由块读取其值,执行后又由块写入其值的参数的功能。

A. 输入参数　　　　B. 输出参数　　　　C. 输入/输出参数　　D. 常量

3. ( )在 CPU 的操作模式从 STOP 切换到 RUN 时执行一次。

A. 启动 OB　　　　B. 硬件中断 OB　　　C. 诊断错误 OB　　　D. 循环中断 OB

4. 调用( )时,必须为之分配一个背景数据块,背景数据块不能重复使用,否则会产生数据冲突。

A. 数据块　　　　　B. 组织块　　　　　C. 函数　　　　　D. 函数块

5. 时间错误中断组织块的 OB 编号为( )。

A. 80　　　　　　　B. 82　　　　　　　C. 83　　　　　　　D. 86

6. 调用的代码块又可以调用别的代码块,这种调用称为( )。

A. 嵌套调用　　　　B. 嵌套函数　　　　C. 函数调用　　　　D. 函数块调用

7. ( )用来实现对特殊内部事件或外部事件的快速响应。

A. 中断组织块　　　B. 功能块　　　　　C. 数据块　　　　　D. 结构块

二、判断题

1. S7-1200 PLC 的块包括组织块、功能、功能块和数据块。　　　　　　　(　　)

2. 数据块又分为全局数据块和背景数据块。　　　　　　　　　　　　　(　　)

3. 执行完中断组织块后,返回被中断的程序的断点处停止执行原来的程序。(　　)

三、简答题

简述函数 FC 与函数块 FB 的区别。

任务评价

姓名				学号			
专业			班级		日期		年　月　日
类别	项目	考核内容			得分	总分	评价标准
技能	技能目标 (75分)	根据硬件接线图,完成电路的连接					根据掌握情况打分
		用函数块编写两台电动机启保停控制的程序					
		将程序下载到 PLC 中并完成调试					
	任务完成质量 (15分)	优秀(15分)					
		良好(10分)					
		一般(8分)					
	职业素养 (10分)	沟通能力、职业道德、团队协作能力、自我管理能力					
						教师签名:	

学习目标

知识目标

1. 掌握函数的应用。
2. 掌握结构化程序设计的基本方法。

十字路口交通
信号灯的 PLC
控制

技能目标

1. 掌握交通信号灯的硬件电路的连接。
2. 掌握交通信号灯 PLC 控制的梯形图设计。

任务引入

在街道的十字交叉路口,为了确保交通秩序和行人安全,一般在每条道路上安装有交通信号灯,其中红灯亮,表示该条道路禁止通行;黄灯亮表示该条道路上未过停车线的车辆禁止通行,已过停车线的车辆继续通行;绿灯亮表示该条道路允许通行。

本项目的控制要求:R:红灯;Y:黄灯;G:绿灯。信号灯受一个启动按钮控制,当启动按钮接通时,信号灯系统开始工作,且先南北红灯亮,东西绿灯亮。南北红灯亮维持30 s,在南北红灯亮的同时东西绿灯也亮,并维持25 s,25 s后东西绿灯闪亮,闪亮3 s后熄灭,接着东西绿灯熄灭,东西黄灯亮,并维持2 s,2 s后东西黄灯熄灭,东西红灯亮,同时,南北红灯熄灭绿灯亮;东西红灯亮维持30 s,期间南北绿灯亮维持25 s,然后闪亮3 s后熄灭后,南北黄灯亮,维持2 s后熄灭,这时南北红灯亮,东西绿灯亮,如此周而复始。按下停止按钮后,全部灯熄灭。

任务描述

根据项目设计要求,采用顺序功能图的设计方法中以转换为中心的顺序控制设计方法,主要采用置位/复位指令实现顺序控制的设计。

但在本项目中,采用结构化程序设计的思路,由于东西方向和南北方向信号灯的运行情况相同,所以两个方向的信号灯的运行采用同一个功能来实现,在主程序中两次调用该功能。在功能的设计中,由于遵循时间规则,因此可以采用比较指令或定时器指令来实现,如图 18-1 所示。

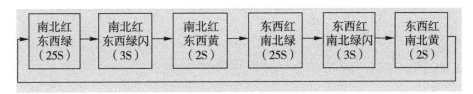

图 18-1　交通信号灯的顺序控制过程状态转换图

任务实施

1. I/O 分配

根据 PLC 输入/输出点分配原则及本案例控制要求,东西和南北方向的红、绿、黄并接在一起。对本案例进行 I/O 地址分配如表 18-1 所示。

表 18-1　十字路口交通信号灯的控制 I/O 分配表

输入		输出	
输入继电器	元件	输出继电器	元件
I0.0	启动按钮 SB1	Q0.0	东西红灯
I0.1	停止按钮 SB2	Q0.1	东西绿灯
		Q0.2	东西黄灯
		Q0.3	南北红灯
		Q0.4	南北绿灯
		Q0.5	南北黄灯

2. 硬件原理图

根据控制要求及上表的 I/O 分配表,可绘制主轴电动机的 PLC 控制硬件原理图如图 18-2 所示。

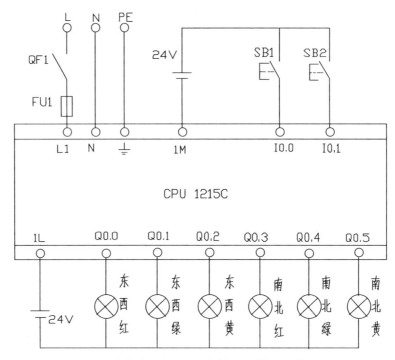

图 18-2 十字路口交通信号灯的 PLC 控制硬件原理图

3. 编写程序

(1) 软件设计思路

根据设计要求,东西方向和南北方向交通灯的运行情况完全一致,因此可以首先设计一个当前方向的红绿灯控制功能 FC1,东西方向红绿灯控制和南北方向红绿灯控制各调用一次,这就是结构化程序设计的思路,如图 18-3 所示。

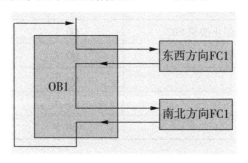

图 18-3 程序设计的结构框图

(2)编辑变量表

根据 I/O 分配表,编辑变量表(图 18-4)。

图 18-4 十字路口交通信号灯的 PLC 变量表

(3)编辑函数

1)生成 FC　在项目树的"程序块"下,点击"添加新块",选择函数 FC 功能的符号名为:"红绿灯控制",如图 18-5 所示。

FC 函数的添加与应用

图 18-5 FC 块名称

2)生成 FC 的局部数据　编辑功能 FC1 的接口参数:FC 的接口参数包括:输入参数(Input),输出参数(Output),输入输出参数(InOut),临时参数(Temp),如图 18-6 所示。

接口			
		名称	数据类型
1	▼	Input	
2	■	ST	Bool
3	▼	Output	
4	■	R	Bool
5	■	G	Bool
6	■	Y	Bool
7	▼	InOut	
8	■ ▶	TIMERDB	IEC_TIMER
9	▼	Temp	
10	■	T1	Time

图 18-6　FC 接口参数

ST:输入参数,类型,Bool,当前方向红灯亮标志位;

R:输出参数,类型,Bool,当前方向红灯信号;

G:输出参数,类型,Bool,另一方向绿灯信号;

Y:输出参数,类型,Bool,另一方向黄灯信号;

TIMERDB:输入输出参数,类型 IEC_TIMER,当前方向红灯亮定时器;

T1:临时参数,类型 Time。

注意:①在 FC 中定时器的接口类型为 InOut,数据类型为 IEC_TIMER。

②在功能或功能块中,如果需要使用定时器指令或计数器指令等带有背景数据块的指令,且该功能或功能块需要被多次调用,则这些定时器指令或计数器指令的背景数据块必须在接口参数中定义,如本例中的"TIMERDB"就是定时器指令的背景数据块。否则,由于该功能或功能块被多次调用,程序在运行时会出现错误。

3)编写 FC 中程序　FC1 的梯形图如图 18-6 所示。程序段 1,用接通延时定时器实现 30 s 的定时,并接通当前方向红灯;程序段 2,用时间类型数据的比较指令,接通绿灯并实现绿灯闪烁功能;程序段 3,接通另一方向黄灯。

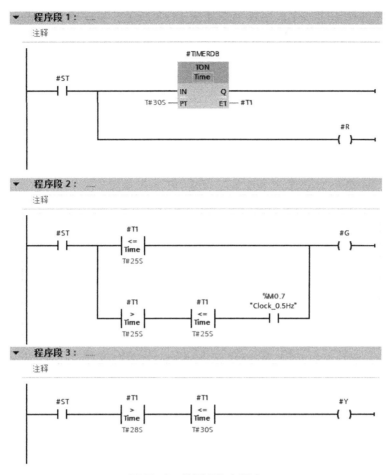

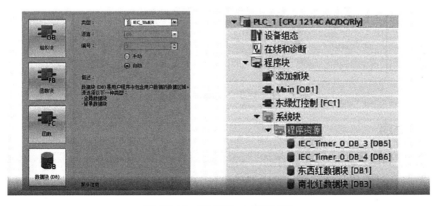

图 18-6　编写 FC 中程序

4）在 OB1 中调用 FC　①添加数据块。首先添加两个数据块，数据块名称分别为东西红数据块和南北红数据块，类型为"IEC_TIMER"，用于主程序对 FC1 的两次调用，如图 18-7 所示。第一次，东西红灯亮调用 FC1，用东西红数据块 [DB1]；第二次，南北红灯亮调用 FC1，用南北红数据块 [DB3]。与功能中定义的接口参数"#TIMERDB"进行参数的传递。

图 18-7　在 OB1 中调用 FC

②主程序的梯形图。主程序梯形图如图 18-8 所示。程序段 1:"起—保—停"控制网络,M0.0 为运行程序标志位。程序段 2:M0.2 产生周期为 60 s、占空比为 50% 的周期信号。程序段 3、4:两次调用 FC1,实现东西方向和南北方向的红绿灯控制。

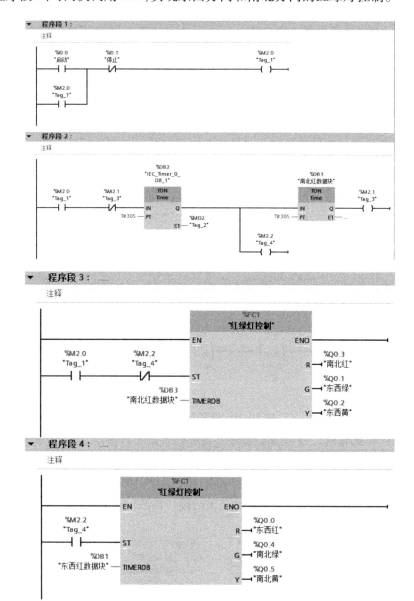

图 18-8 主程序梯形图

4. 调试程序

将调试好的用户程序及设备组态一起下载到 CPU 中,并连接好线路。按下启动按钮观察:首先南北方向红灯亮,东西方向依次绿灯亮、绿灯闪和黄灯亮;然后东西方向红灯亮,南北方向依次绿灯亮、绿灯闪和黄灯亮,如此循环。按下停止按钮,所有的灯熄灭。

5. 拓展训练

用顺序控制梯形图完成本任务的控制。

知识点测评

选择题

1. 函数 FC 的接口参数包括(　　)、输出参数、输入输出参数、临时参数。

　　A. 变量参数　　　　　B. 输入参数　　　　　C. 可变量参数　　　D. 数据参数

2. 在 FC 中定时器的接口类型为(　　)。

　　A. InOut　　　　　　B. IEC_TIMER　　　　C. In　　　　　　　　D. Out

3. 在 FC 中定时器的数据类型为(　　)。

　　A. InOut　　　　　　B. IEC_TIMER　　　　C. In　　　　　　　　D. Out

任务评价

姓名				学号				
专业			班级			日期		年　月　日
类别	项目		考核内容		得分	总分		评价标准
技能	技能目标 (75 分)		根据硬件接线图,完成电路的连接					根据掌握情况打分
			编写十字路口交通信号灯控制的程序					
			将程序下载到 PLC 中并完成调试					
	任务完成 质量 (15 分)		优秀(15 分)					
			良好(10 分)					
			一般(8 分)					
	职业素养 (10 分)		沟通能力、职业道德、团队协作能力、 自我管理能力					
						教师签名:		

进阶篇

任务十九 触摸屏控制的电动机正反转系统

学习目标 ▶▶

知识目标

1. 了解 PLC 与 HMI 设备的以太网通信方式。
2. 掌握 PLC 以太网通信的设置流程。

触摸屏控制的
电动机正反转
系统

技能目标

1. 掌握配置调试触摸屏与 PLC 控制设备的通信。
2. 搭建以太网通信环境。
3. 掌握威纶通触摸屏的组态与下载的方法。

知识链接 ▶▶

1. 下载安装触摸屏编程软件

（1）安装威纶通触摸屏编程软件 EasyBuilder Pro

进入威纶通公司官网 http://www.weinview.cn,选择"服务支持",然后点击"下载中心"（图 19-1）。在下载中心找到 EBproV6.09.02.315_20240621 编程软件,点击右侧"点击下载"（图 19-2）。

图 19-1

软件

【软件下载】EBproV6.09.02.315_20240621	2024-06-21	点击下载
【软件下载】EBProV6.09.02.315_版本更新说明	2024-06-21	点击下载
【软件下载】EBproV6.09.01.605_20240717	2024-07-17	点击下载
【软件下载】EBProV6.09.01.605_版本更新说明	2024-07-17	点击下载
【软件下载】EBproV6.09.01(Li)_20231123	2023-11-23	点击下载
【软件下载】EBProV6.09.01(Li)_版本更新说明	2023-11-23	点击下载
【软件下载】cMTViewer_V2.23.24[Andriod]	2024-06-18	点击下载
【软件下载】cMTViewer_V2.23.24[Windows]	2024-06-18	点击下载

图 19-2

（2）安装 EasyBuilder Pro

安装 EasyBuilder Pro 的步骤如下。

第一步：双击 setup. exe，选择所需语言版本，点击"确定"（图 19-3）。

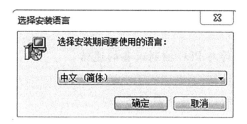

图 19-3

第二步：点击"下一步"（图 19-4）。

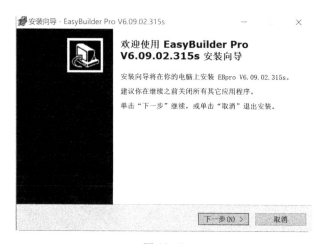

图 19-4

第三步：点击"浏览"可以更改安装的路径，也可默认路径。点击"下一步"（图 19-5）。

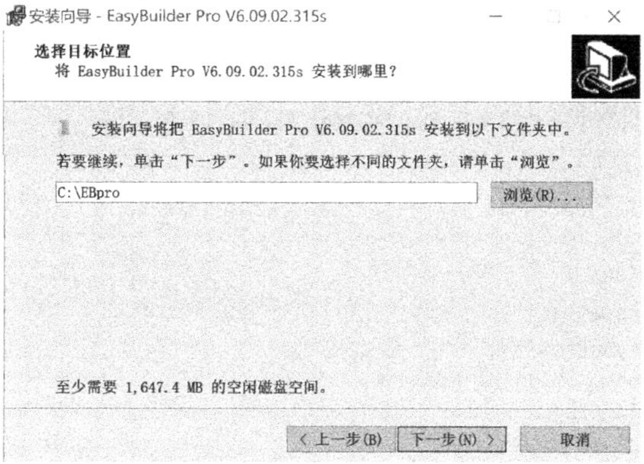

图 19-5

第四步：设置好程序快捷方式的路径，点击"下一步"（图 19-6）。

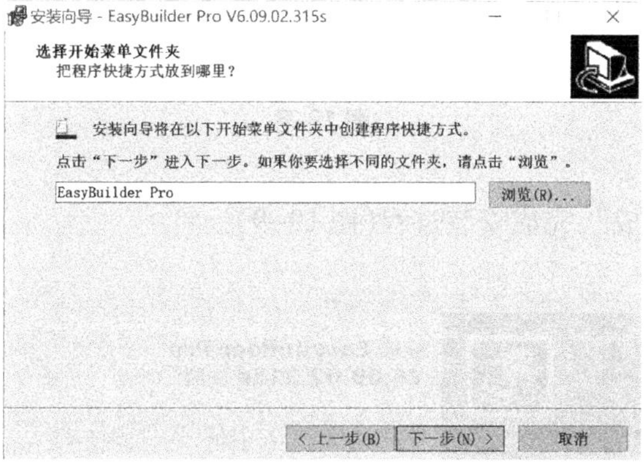

图 19-6

第五步：勾选"创建桌面图标"，点击"下一步"（图 19-7）。

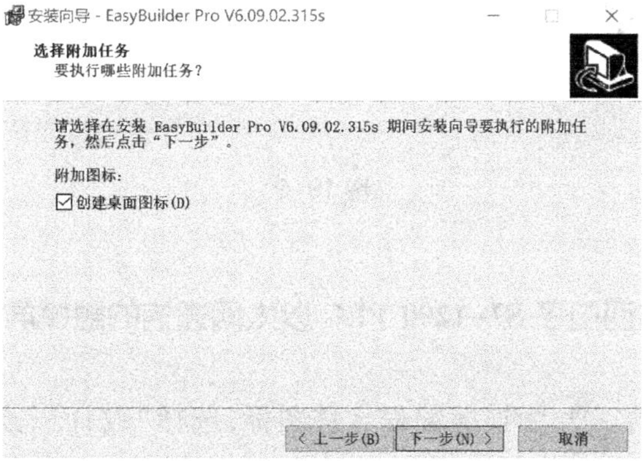

图 19-7

第六步:点击"安装"(图 19-8)。

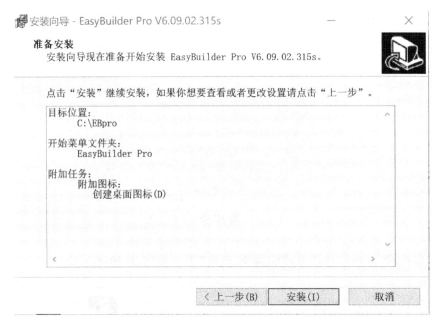

图 19-8

第七步:点击"完成",完成安装过程(图 19-9)。

图 19-9

2. 创建一个能与西门子 S7-1200 PLC 以太网通信的触摸屏工程文件

第一步:双击打开 ![触摸屏编程软件图标] 触摸屏编程软件图标,选择"设计",点击"EasyBuilder Pro"
(图 19-10)。

图 19-10

第二步:点击"开新文件"(图 19-11)。

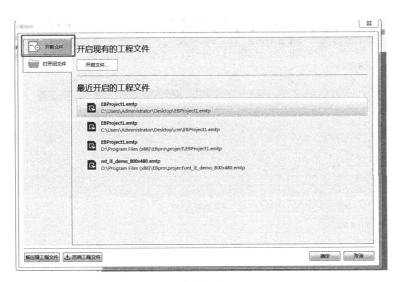

图 19-11

第三步:选择"机型"与实际触摸屏一致(可以在触摸屏背部标签上查看触摸屏的型号),点击"确定"(图 19-12)。

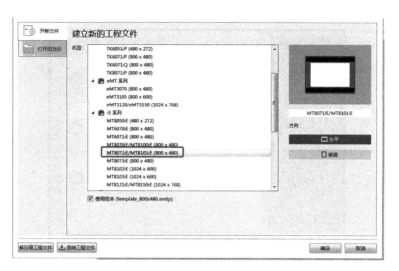

图 19-12

第四步:点击"新增",增加一个 PLC 设备(图 19-13)。

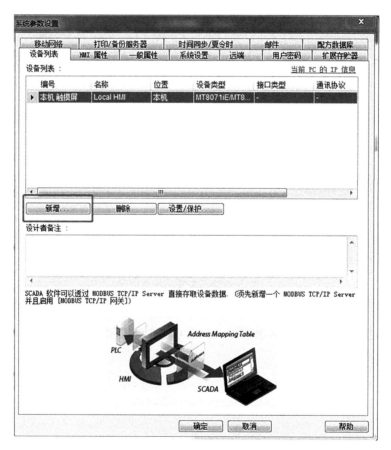

图 19-13

第五步:点击"设备类型右侧三角符号",展开后选择"Siemens AG"(图19-14)。

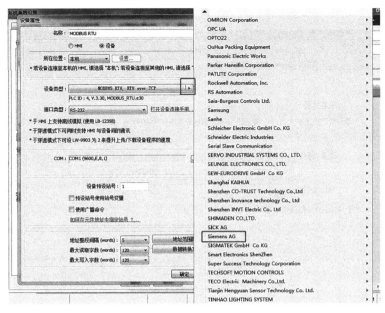

图 19-14

第六步:选择 PLC 的信号为"S7-1200/S7-1500(Absolute Addressing)(Ethernet)"(图19-15)。

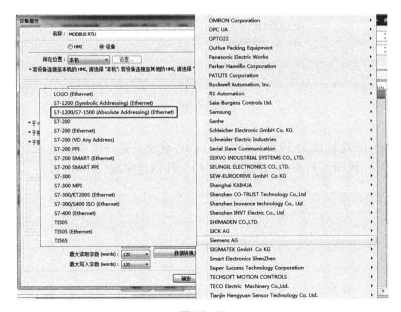

图 19-15

第七步:"接口类型"选择为"以太网"。点击 IP 地址右侧的"设置"(图 19-16)。

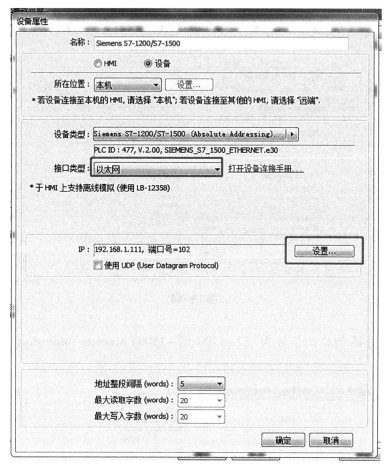

图 19-16

第八步:将 IP 地址设为 192.168.0.1(该 IP 地址不是一个固定地址,与实际的 PLC 的 IP 地址保持一致即可),点击"确定"。工程文件创建完成(图 19-17)。

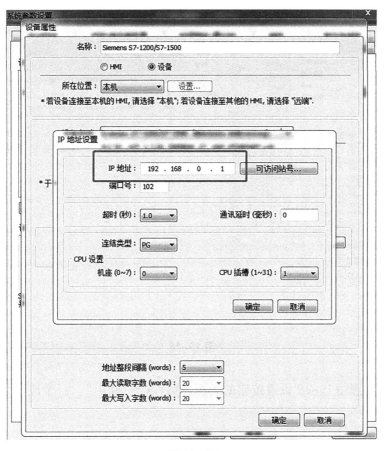

图 19-17

3. 在触摸屏中建立一个元件与 PLC 建立通信

第一步:在已经建立好的触摸屏工程中,选择菜单栏中的"元件",然后选择"位状态设置"(图 19-18)。

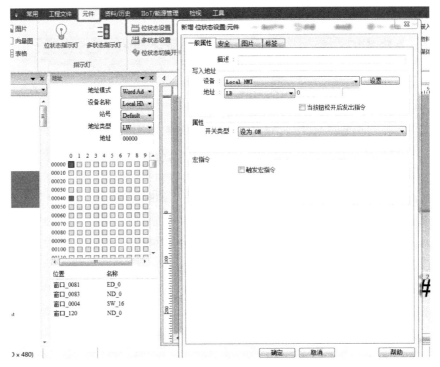

图 19-18

第二步:按照图 19-19 设置按钮的类型,然后点击"确定"。一个地址为 M0.0 的按钮就创建好了。

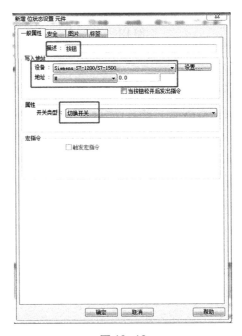

图 19-19

第三步：将电脑、S7-1200 PLC、威纶通触摸屏三者通过网线用交换机连接到一起，通上电源以太网连接如图19-20所示。

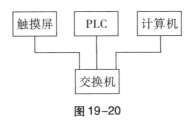

图19-20

第四步：查看触摸屏地址。

①点击触摸屏右下角的箭头（图19-21）；

图19-21

②点击图19-22所示图标就可以查看当前触摸屏的IP地址了，如图19-23所示（注意：电脑与触摸屏还有PLC之间进行通信，一定要保证三者的IP地址在同一个网段内）。

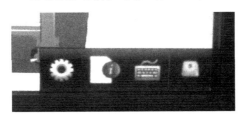

图19-22

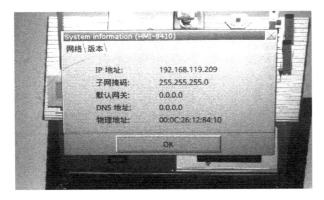

图19-23

185

第五步:下载触摸屏程序,点击菜单栏中的"工程文件"→"下载(PC->HMI)",输入触摸屏的实际 IP 地址 192.168.0.21。最后点击"下载",编写的触摸屏程序就下载进去了(图 19-24)。

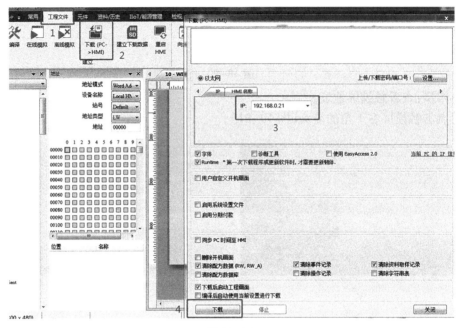

图 19-24

第六步:创建 PLC 工程文件编写程序(图 19-25)。

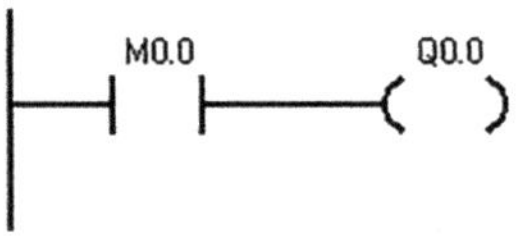

```
        M0.0              Q0.0
   ┤ ├              ( )
```

图 19-25

第七步:设置 PLC 的 IP 地址为 192.168.0.1(图 19-26)。

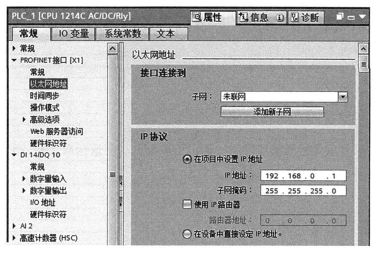

设置 CPU 集成的以太网接口的 IP 地址

图 19-26

第八步：双击"设备组态"，然后双击 CPU，在属性页面的左侧找到"防护与安全"，点击"防护与安全"左侧的三角符号打开下拉菜单。点击"连接机制"，勾选"允许来自远程对象的 PUT/GET 通信访问"（图 19-27）。

图 19-27

第九步：将编写好的程序和配置好的硬件都下载到 PLC 中，然后就可以用触摸屏的按钮来控制 PLC 的程序了。当第一次按下触摸屏上按钮时，PLC 上 Q0.0 的状态指示灯点亮；第二次按下触摸屏按钮时，PLC 上 Q0.0 的状态指示灯熄灭。这样触摸屏与 PLC 就建立好以太网通信了。

任务引入

某设备厂家要求使用触摸屏控制一辆小车进行自动往返运载货物，小车到达装料点 A 和卸料点 B 都能够自动停止运行。

任务描述

按下触摸屏上前进按钮 SB1，接触器 KM1 线圈通电，电动机正转，运载小车前进。当小车运行到卸料点 B 或者按下停止按钮 SB3 时小车停止工作。

按下触摸屏上后退按钮 SB2，接触器 KM2 线圈通电，电动机反转，运载小车后退。当小车运行到装料点 A 或者按下停止按钮 SB3 时小车停止工作。

任务实施

1. I/O 分配

根据 PLC 输入/输出点分配原则及本案例控制要求，对本案例进行 I/O 地址分配，如表 19-1 所示。

表 19-1　触摸屏控制的电动机正反转 I/O 分配表

输入		输出	
HMI 按钮地址	HMI 元件	输出继电器	元件
M0.0	前进按钮 SB1	Q0.0	正转接触器 KM1 线圈
M0.1	后退按钮 SB2	Q0.1	反转接触器 KM2 线圈
M0.2	停止按钮 SB3		
I0.0	A 点限位		
I0.1	B 点限位		

2. 编写 HMI

创建一个能与西门子 S7-1200 PLC 以太网通信的触摸屏工程文件,触摸屏界面如图 19-28 所示。在触摸屏编程软件上创建三个控制按钮,按钮的地址分别为:M0.0、M0.1、M0.2。将开关类型改为"复归型"。

图 19-28　触摸屏界面

3. 硬件原理图

连接触摸屏的电源,通过以太网线将 PLC 与触摸屏连接好。

根据控制要求及上表的 I/O 分配表,可绘制 PLC 控制硬件原理图如图 19-29 所示。因电动机正转时不能反转,反转时不能正转,除在程序中要设置互锁外,还须在 PLC 输出线路中设置电气互锁。

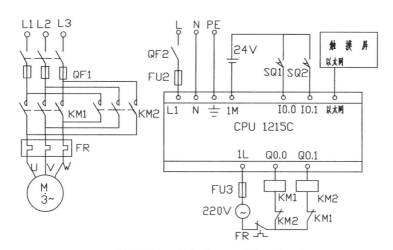

图 19-29　触摸屏控制的电动机正反转系统硬件原理图

4. 在博途编程软件上编程并配置

第一步:创建 PLC 工程文件编写程序,参考程序如图 19-30 所示。

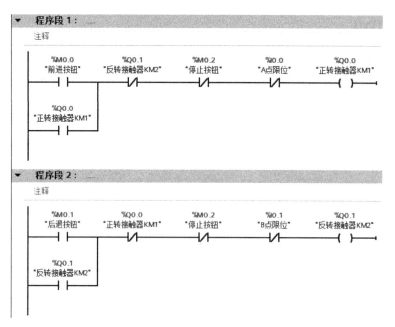

图 19-30 主轴电动机的 PLC 控制程序

第二步:设置 PLC 的 IP 地址为 192.168.0.1(图 19-31)。

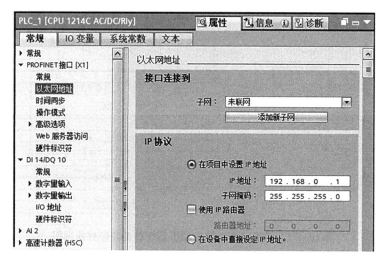

图 19-31 设置 CPU 集成的以太网接口的 IP 地址

第三步:双击"设备组态",然后双击 CPU,在属性页面的左侧找到"防护与安全",点击"防护与安全"左侧的三角符号打开下拉菜单。点击"连接机制",勾选"允许来自远程对象的 PUT/GET 通信访问"(图 19-32)。

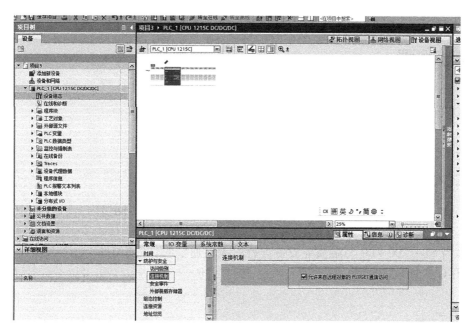

图 19-32　双击"设备组态"

第四步：将编写好的程序和配置好的硬件都下载到 PLC 中。

5. 调试程序

首先进行控制电路的调试，确定程序编写及控制线路连接正确的情况下再接通主电路，进行整个系统的联机调试。

将 PLC 和触摸屏接通电源，按下触摸屏上的前进按钮，观察小车电机是否正转并向 B 点移动。若正常，触碰 B 点限位开关 SQ1，观察小车是否停止运转。

到达 B 点后，按下触摸屏上的后退按钮，观察小车电机是否反转并向 A 点移动。若正常，触碰 A 点限位开关 SQ2，观察小车是否停止运转。

如果以上调试均能正常工作，使小车正在运行时按下停止按钮，观察小车能否停止工作。

6. 拓展训练

用触摸屏+PLC 实现对全自动洗衣机的控制。控制要求如下：

①按启动按钮，首先进水电磁阀打开，进水指示灯亮。

②按上限按钮，进水指示灯灭，搅轮在正反搅拌，两灯轮流亮灭。

③等待几秒钟，排水灯亮，后甩干桶灯亮了又灭。

④按下限按钮，排水灯灭，进水灯亮。

⑤重复两次①~④的过程。

⑥第三次按下限按钮时，蜂鸣器灯亮 5 s 后灭，整个过程结束。

⑦操作过程中，按停止按钮可结束动作过程。

⑧手动排水按钮是独立操作命令，按下手动排水后，必须要按下限按钮。

知识点测评

一、简答题

请简述修改威纶通触摸屏 IP 地址的方法。

二、判断题

1. PLC 与触摸屏进行以太网通信,两者 IP 地址无须在同一网段内。　　　　(　　)

2. 多个设备进行以太网通信,可用交换机进行连接。　　　　(　　)

3. 当 ST-1200 PLC 与触摸屏设备进行以太网通信时,必须勾选"允许来自远程对象的 PUT/GET 通信访问"。　　　　(　　)

任务评价

姓名				学号			
专业			班级			日期	年　月　日
类别	项目		考核内容		得分	总分	评价标准
技能	技能目标 (75分)		完成硬件系统搭建及电路的连接				根据掌握情况打分
			编写触摸屏控制的电动机正反转系统的程序				
			完成触摸屏控制的电动机正反转系统调试				
	任务完成质量 (15分)		优秀(15分)				
			良好(10分)				
			一般(8分)				
	职业素养 (10分)		沟通能力、职业道德、团队协作能力、自我管理能力				
						教师签名:	

任务二十　基于以太网通信的触摸屏、PLC、工业机器人控制系统

学习目标

知识目标

1. 了解设备之间的以太网通信方式。
2. 掌握 S7-1200 PLC 与 ABB 工业机器人以太网通信的设置流程。

基于以太网通信的触摸屏、PLC、工业机器人控制系统

技能目标

1. 掌握配置调试触摸屏与 S7-1200 PLC 控制设备的通信。
2. 搭建以太网通信环境。
3. 掌握 ABB 工业机器人与 S7-1200 PLC 以太网通信的方法。

知识链接

1. ABB 工业机器人与 S7-1200 PLC 以太网通信机器人端的设定

第一步:在机器人主页面,点击"控制面板"(图20-1)。

图 20-1

第二步：点击"配置"，自主配置系统参数（图 20-2）。

图 20-2

第三步:选择"IPsetting"设置机器人IP地址(图20-3)。

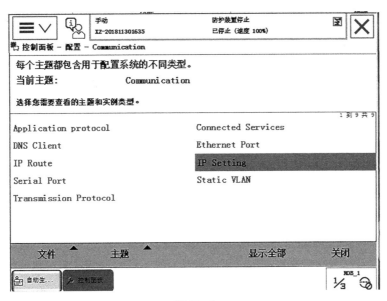

图20-3

第四步:点击"PROFINET Network"(图20-4)。

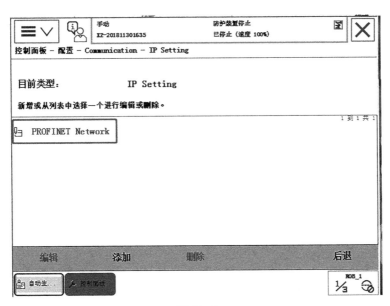

图20-4

第五步:将机器人端的 IP 地址改为 192. 168. 0. 2。将连接的端口 Interface 改成"WAN",也可以改为"LAN3"。这个端口的选择要与硬件连接保持一致(图 20-5)。

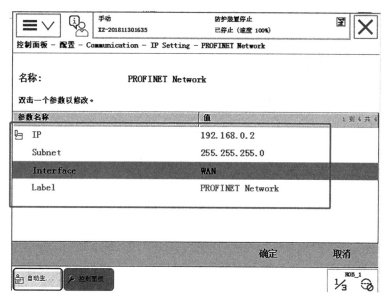

图 20-5

说明:这个 IP 地址不是一个固定的地址,要与 PLC 在同一个网段内,又不能与 PLC 的地址一致,还要与博途编程软件端设置机器人端的地址保持一致。

第六步:提示是否重启,选择"否"(图 20-6)。

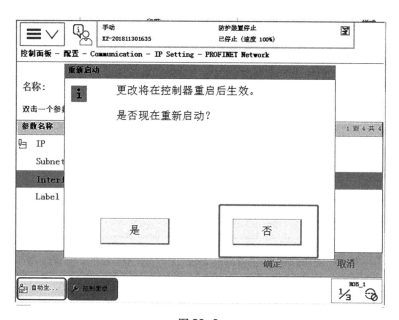

图 20-6

196

第七步:点击"后退"(图20-7)。

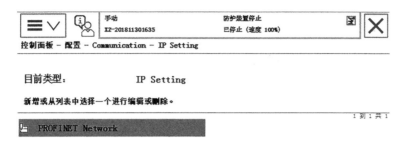

图20-7

第八步:点击"主题",选择"I/O"(图20-8)。

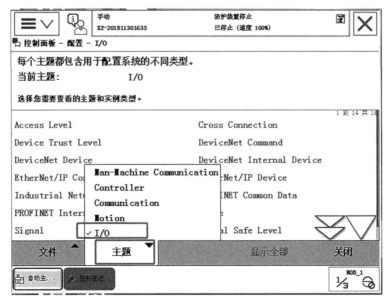

图20-8

第九步：点击"Industrial Network"，选择工业网络（图20-9）。

图20-9

第十步：选择"PROFINET"（图20-10）。

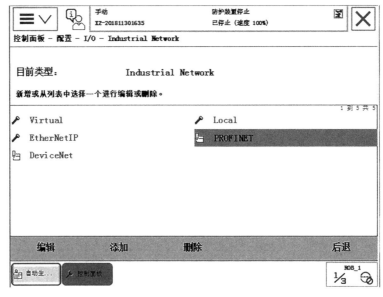

图20-10

第十一步：将"PROFINET Station Name"以太网工作站名字改为"jiqiren1"（图20-11）。

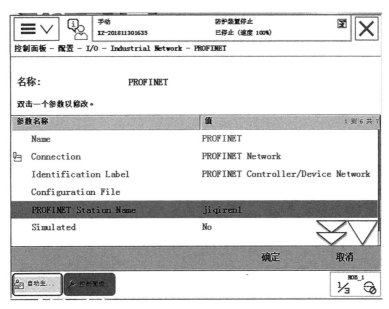

图 20-11

说明：这个名字要与博途编程软件端的机器人的名字保持一致。

第十二步：提示是否重启，选择"否"（图20-12）。

图 20-12

第十三步:点击"后退"(图 20-13)。

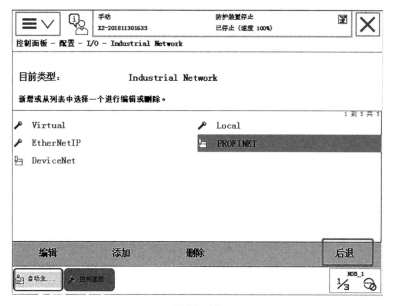

图 20-13

第十四步:选择"PROFINET Internal Device"配置以太网内部设备的存储字节(图 20-14)。

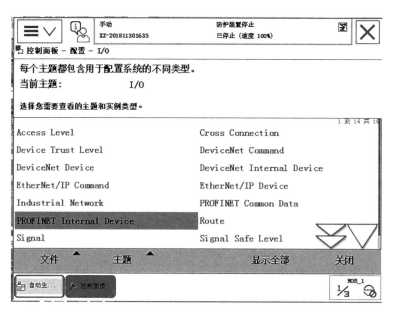

图 20-14

第十五步：选择"PN_Internal_Device"（图 20-15）。

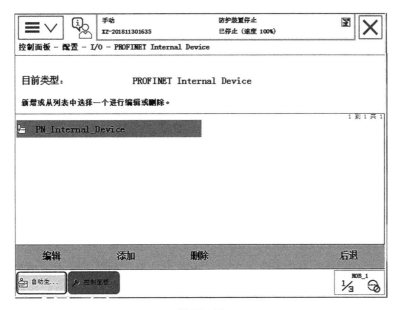

图 20-15

第十六步：将输入字节数改为 256，将输出字节数改为 256（图 20-16）。

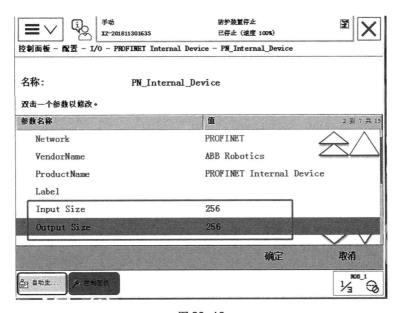

图 20-16

说明：这个输入和输出的字节数要与博途编程软件上机器人端的字节数保持一致。

第十七步:提示是否重启,选择"否"(图 20-17)。

图 20-17

第十八步:点击"后退"(图 20-18)。

图 20-18

第十九步:选择"Signal"配置机器人输入输出信号(图20-19)。

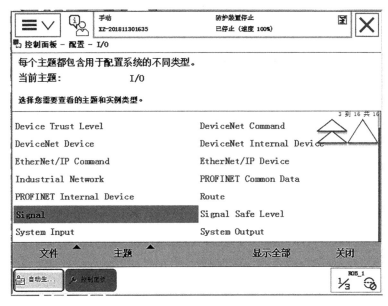

图20-19

第二十步:点击"添加"(图20-20)。

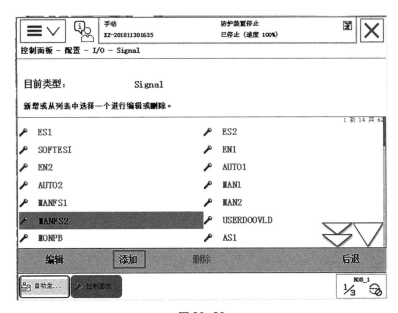

图20-20

第二十一步:配置 di0 如图 20-21 所示。

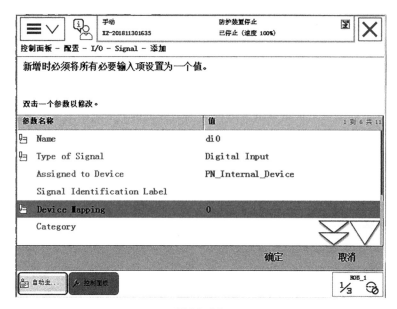

图 20-21

第二十二步:配置 di1 如图 20-22 所示。

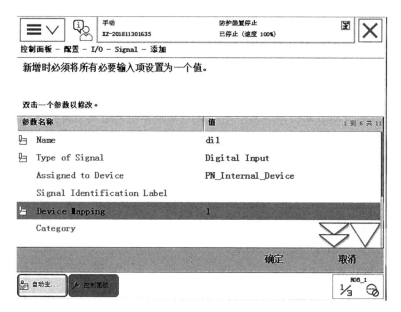

图 20-22

第二十三步:配置 do0 如图 20-23 所示。

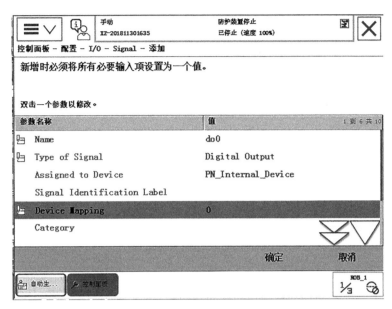

图 20-23

第二十四步:配置 do1 如图 20-24 所示。

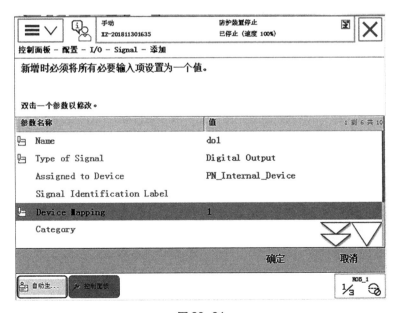

图 20-24

第二十五步:提示是否重启,选择"是",使之前设置全部生效(图 20-25)。

图 20-25

2. PLC 端设置前准备:获取 ABB 机器人的 GSD 文件

ABB 机器人与 PLC 进行 Profinet 通信时需要将机器人的 GSD 文件给 PLC。具体获取方法如下。

第一步:打开 ABB 的 RobotStudio 软件,在选项卡"Add-Ins"下,找到已经安装的 Robotware 版本(图 20-26)。

图 20-26

第二步:右击"RobotWare",点击"打开数据包文件夹"。
第三步:打开文件夹"RobotPackages"(图 20-27)。

图 20-27

第四步:选择文件夹"RobotWare_RPK_6.08.1040"并打开(图 20-29)。

图 20-28

第五步:选择文件夹"utility"并打开(图 20-29)。

图 20-29

207

第六步：找到文件夹"service"并打开（图20-30）。

图20-30

第七步：选择文件夹"GSDML"，打开后有 GSD 文件（图20-31）。

图20-31

第八步：含有 GSD 的文件夹内容如图20-32所示。

图20-32

3. ABB 工业机器人与 S7–1200 PLC 以太网通信 PLC 端的设定

第一步:打开博途编程软件,创建新项目(图20-33)。

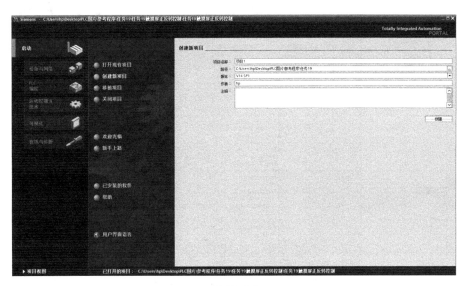

图 20-33

第二步:点击打开项目视图(图 20-34)。

图 20-34

第三步：根据实际硬件选择对应的 CPU（图 20-35）。

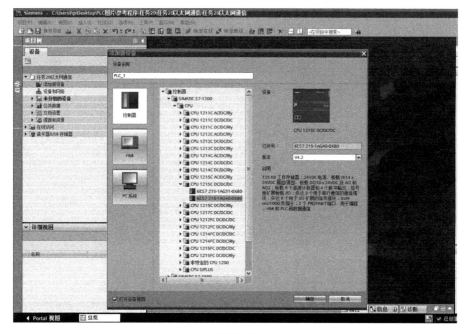

图 20-35

第四步：根据实际硬件，进行组态（图 20-36）。

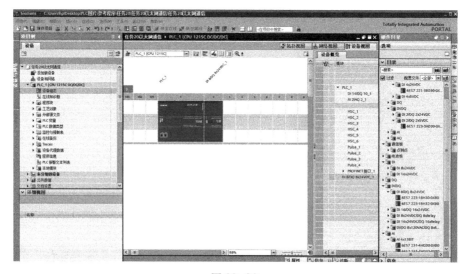

图 20-36

如果已经安装过机器人的 GSD 文件可忽略第五、六步,直接跳转到第七步。

第五步:点击选项,选择管理通用站描述文件(GSD)(图 20-37)。

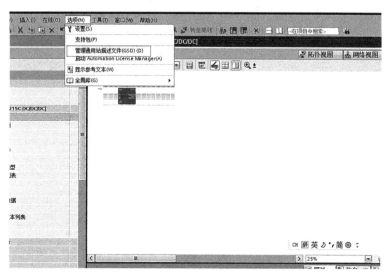

图 20-37

第六步:通过"源路径"右侧的浏览找到放置 GSD 文件的文件。选中要安装的 GSD 文件,点击右下角的"安装"(图 20-38)。

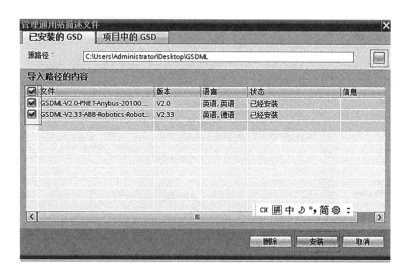

图 20-38

第七步:点击网络视图,在右侧硬件目录下找到 ABB 机器人设备(图 20-39)。

图 20-39

第八步:点击 CPU,将属性下面的 CPU 以太网地址改为 192.168.0.1(图 20-40)。

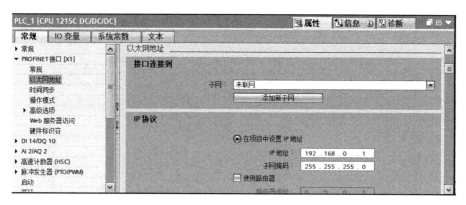

图 20-40

第九步:双击 CPU,在属性页面的左侧找到"防护与安全",点击"防护与安全"左侧的三角符号打开下拉菜单。点击"连接机制",勾选"允许来自远程对象的 PUT/GET 通信访问"(图 20-41)。

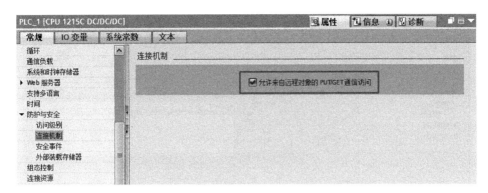

图 20-41

第十步:点击机器人,然后点击右边模块添加一个 DI256 和一个 DO256。数字量输入和输出的数量要与机器人端设置的数量保持一致。

DI256 模块:机器人设置有 256 个字节的数字量输入。

DO256 模块:机器人设置有 256 个字节的数字量输出。

第十一步:点击网络视图,点击机器人左下角的"未分配"使其与 PLC 设备进行以太网连接(图 20-42)。

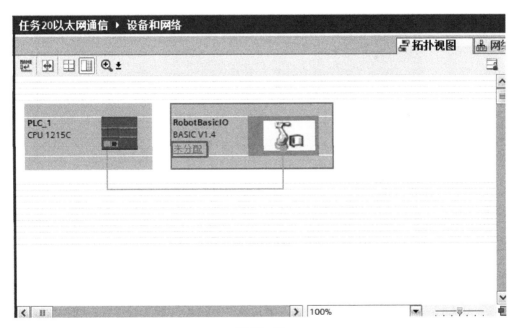

图 20-42

第十二步:分配完成点击机器人将下面属性中的 IP 地址改为 192.168.0.2,这个地址要与前面机器人示教器设置的机器人的 IP 地址保持一致。同时修改机器人 PROINET 设备名称为 jiqiren2,这个名字要和机器人示教器设置的机器人的设备名称保持一致

（图 20-43）。

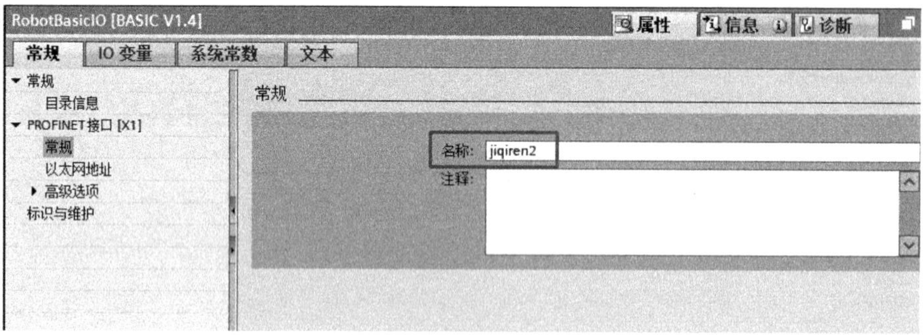

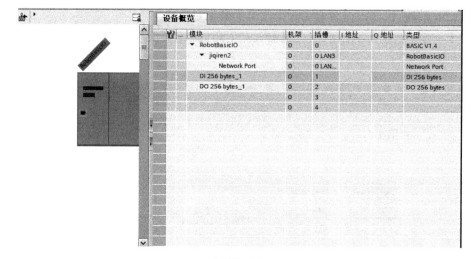

图 20-43

第十三步：在设备视图里面默认 DI 和 DO 地址如图 20-44 所示，就得出与机器人对应的地址关系（表 20-1）。

图 20-44

表 20-1　PLC 与机器人通信信号对应关系

PLC 输出	机器人输入	机器人输出	PLC 输入
Q68.0	Di0	Do0	I68.0
Q68.1	Di1	Do1	I68.1
Q68.2	Di2	Do2	I68.2

利用这个信号关系，机器人与 PLC 之间就可以进行以太网通信了。

任务引入

　　某自动化设备生产厂家计划研发一套焊接机器人生产设备,要求能够用触摸屏控制。具体任务要求如下:有两种不同的工件需要焊接,一种是圆形工件,另一种是菱形工件。当操作员按下触摸屏上"焊接圆形"按钮的时候,机器人执行圆形工件的焊接;当操作员按下触摸屏上"焊接菱形"按钮的时候,机器人执行菱形工件的焊接。

任务描述

　　按下触摸屏上"焊接圆形"按钮,机器人执行圆形工件的焊接。
　　按下触摸屏上"焊接菱形"按钮,机器人执行菱形工件的焊接。

任务实施

　　第一步:将机器人控制柜上的 WAN 口与触摸屏上的以太网接口和 PLC 的通信接口通过交换机建立以太网连接。
　　第二步:ABB 工业机器人与 S7-1200 PLC 以太网通信机器人端的设定(设定步骤见知识链接),编写机器人主程序如图 20-45 所示,然后在机器人示教器上编写以下圆形轨迹与菱形轨迹的程序分别如图 20-46、20-47 所示。

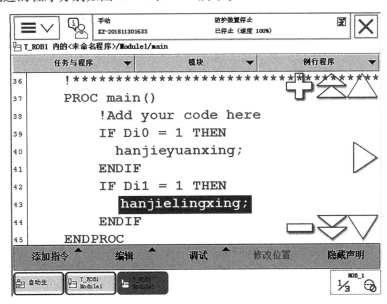

图 20-45　工业机器人主程序

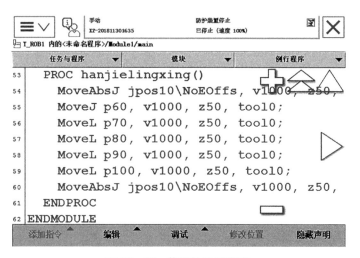

```
PROC hanjieyuanxing()
  MoveAbsJ jpos10\NoEOffs, v1000, z50,
  MoveJ p10, v1000, z50, tool0;
  MoveC p20, p30, v1000, z10, tool0;
  MoveC p40, p50, v1000, z10, tool0;
  MoveAbsJ jpos10\NoEOffs, v1000, z50,
ENDPROC
```

图 20-46　圆形轨迹子程序

图 20-47　菱形轨迹子程序

　　第三步：在 ROBOTSTUDIO 机器人虚拟仿真软件中获取机器人的 GSD 文件(步骤见知识链接)。

　　第四步：完成 ABB 工业机器人与 S7-1200 PLC 以太网通信 PLC 端的设定。然后完成如图 20-48 所示的梯形图,下载到 PLC 中。

图 20-48　PLC 梯形图

　　第五步:创建一个能与西门子 S7-1200 PLC 以太网通信的触摸屏工程文件,在文件中添加两个按钮,按钮的地址分别改为 M0.0 和 M0.1,属性开关类型改为"切换开关"。标签内容分别改为"焊接圆形"与"焊接菱形"。如图 20-49 所示,然后将触摸屏程序下载到触摸屏中。

图 20-49　触摸屏界面

任务调试

　　第一步:将触摸屏、PLC、工业机器人、交换机都通上电源。
　　第二步:将 PLC 与机器人都设置成运行模式。
　　第三步:按下触摸屏上的"焊接圆形按钮",观察机器人是否执行圆形轨迹的例行程序。
　　第四步:按下触摸屏上的"焊接菱形按钮",观察机器人是否执行菱形轨迹的例行程序。

知识点测评

一、选择题

1. 设置 ABB 工业机器人的 IP 地址应选择(　　　)
A. IP Route　　　　　　B. IP Setting　　　　　　C. Static VLAN　　　　　　D. Ethernet Port
2. 修改 ABB 工业机器人以太网工作站名称应选择(　　　)
A. Local　　　　　　B. DeviceNet　　　　　　C. PROFINET　　　　　　D. Virtual

二、简答题

请简述获取 ABB 机器人 GSD 文件的方法。

任务评价

姓名				学号			
专业			班级		日期		年 月 日
类别	项目		考核内容		得分	总分	评价标准
技能	技能目标 （75 分）		完成硬件系统搭建及电路的连接				根据掌握情况打分
			编写配置基于以太网通信的触摸屏、PLC、工业机器人控制系统				
			完成基于以太网通信的触摸屏、PLC、工业机器人控制系统的调试				
	任务完成质量 （15 分）		优秀（15 分）				
			良好（10 分）				
			一般（8 分）				
	职业素养 （10 分）		沟通能力、职业道德、团队协作能力、自我管理能力				
						教师签名：	

参考文献

[1]廖常初.S7-1200 PLC 编程及应用[M].3 版.北京:机械工业出版社,2017.

[2]陈丽,程德芳.PLC 技术应用[M].北京:机械工业出版社,2020.

[3]吴繁红.西门子 S7-1200 PLC 应用技术项目教程[M].2 版.北京:电子工业出版社,2021.

[4]李方圆.西门子 S7-1200 PLC 从入门到精通[M].北京:电子工业出版社,2018.

[5]张志田,何其文.西门子 PLC 项目式教程[M].北京:机械工业出版社,2022.